美爱同行

北京海贺世家文化传媒有限责任公司

编著

文化艺术出版社
Culture and Art Publishing House

编委会

目 录
CONTENTS

序言

　　《美爱同行》是一本精心打造的女性励志类图书，通过一系列真实而感人的女性故事，促进不同女性之间的相互理解和支持，让大家能在阅读中找到共鸣，收获力量，从而提升女性素养，激发内在潜能，鼓励她们勇敢地追寻个人梦想，不仅在家庭生活中发挥积极作用，也在社会大舞台上展现自我价值。

　　《美爱同行》是继《我们是环球夫人》系列丛书后，由华实会创意、北京海贺世家文化传媒有限责任公司策划的又一部关注女性成长、家庭事业及社会责任的书。本书由李昀轩、何银萍女士担任编委会主任，李沛桐女士担任主编，著名作家夏海淑女士受邀担任本季图书的执行主编。延续前两季的主创团队，采用联合编辑的形式，邀请《我们是环球夫人》（第一季）主编张奇、《我们是环球夫人》（第二季）主编王金晶以及环球夫人王意翾女士共同创作完成。

　　《美爱同行》聚焦女性成长，还原女性背后的挫折与奋斗，揭示成功多元定义，强调努力与信念的价值。本书弘扬女性间的友谊与支持，倡导携手成长。它不仅是励志宝典，更是女性探索自我、发掘潜能的成长平台。通过丰富的女性故事，激励读者勇于追梦，树立正确的三观，一起为这个时代女性事业的发展贡献力量。

李沛桐

执炬而行　此心光明

有些人是注定不同寻常的。李沛桐便是如此。

她不是什么行业翘楚，也不是二代神话，更不是养尊处优的天生富贵花。她的过往，可谓"悲欣交集"，甚至在外人看来，就是折腾、不消停。她是与众不同的，不仅仅因为她绝不安于相夫教子的安稳和优渥，更由于她作为一个小小的个体却做着一个大大的梦，梦想全中国的女性都能自立、自我，成为"不一样的烟火"。为此，她呼号奔走、夜以继日，办大赛、出图书、做公益、成立华实会，皆是滴水之功。不过，功不唐捐，那个梦越来越真实了。

那个不停求索的李沛桐，总会带给我一种力量——在无限大的时空中，人仿佛尘埃，一切都没有意义，但是，这粒尘埃却选择用她自己喜欢的方式过一生，实在难得。

有梦去追，何惧之有

认识李沛桐的人对她有一致的评价：她是一轮明媚的太阳，总是可以把人照得暖暖的，她自带的"太阳能"给人充电的能力极强，所到之处"能量满满，热气腾腾"。她是天生的"C位"女人，有她的地方，群体的中心必定是她。正式场合她衣着得体、不苟言笑，专业且投入；更多的时候，她总是妙语连珠甚至手舞足蹈，感染力极强。这难免让人心生感慨——这样的人一定是家境优渥、一路顺遂的，可是人生怎么可能事事如意、无波无澜呢？

4岁以前，李沛桐有一个令人羡慕的家庭。她出生在辽南一个经济比较发达的小城市，父亲是恢复高考后的首批大学生，业务出类拔萃，任职于县政府重要部门，母亲是教师出身，后来也在县政府工作，哥哥长她5岁，一直是"别人家的孩子"。这个四口之家安然和睦，儿女双全，一家人颜值也都很高，走到哪里都很亮眼，是人人称道的"完美家庭"。都说幸福的童年可以治愈人的一生，沛桐记得，儿时爸爸总是牵着她的手，"红酥手，黄縢酒，满城春色宫墙柳……"，把古诗词当成儿歌念给她听，那种安稳和美好铸就了她以后面对所有风浪都能处之泰然的强大精神内核。小学六年级，爸爸在缠绵病榻九年后不舍离世，那年沛桐13岁，看起来依然乐乐呵呵，但是内心深处塌了很大一块，好在母亲坚强乐观，哥哥也如父般给予她充分的爱，让她继续着自己的成长旅途。

读书期间，李沛桐不是传统意义上的学霸，但从小到大她的组织能力都是公认的强，人缘也是出奇的好。小学时，她组建学雷锋小分队做好事，初中有模有样地办起了校报《太阳报》，高中时代更是包办了学校大大小小各种活动。

许是受中文系高才生父亲的基因影响，更有来自童年家庭文学环境的熏陶，李沛桐对文字和语言表达颇有兴趣也极具天赋，加上面容姣好，她觉得做个手持话筒报道新闻的记者是那么吸引人。于是，高考填志愿时，她毫不犹豫地选择了父亲母校的新闻系，希望自己学业完成后成为一名记者。诚然，要考入理想大学需要实力也需要点幸运，可惜，那年高考她发挥不利，和梦想的学校失之交臂，甚至滑档到了专科。这个结果使她备受打击，以致罹患了甲亢，这一次，她似乎再次滑到了谷底。

大学几年，她是在身心的修复、调整、自洽、再出发后完成会计专业学习的，骨子里的不甘心，并没有让她被一次挫败打倒。她在专科毕业之后申请了"错失大学"的新闻专业自学考试，继续向着梦想前行。

念念不忘，必有回响。毕业后，李沛桐进入家乡的报社工作。一开始，她满怀热忱，以为可以完成自小的梦想，成为一名出色的记者。可她在报社工作近半年，没有想象中采访大人物的风光，也没有奔波于新闻一线的惊险挑战，只有周而复始的坐班和偶尔固定模式的会议报道。李沛桐清醒地意识到这不是她想要的生活。23岁，正是热血难凉的年纪，她在日记里写道："我就像是一条本该在大江大河遨游的大鱼，却被放到了小小鱼缸，转不开身，扑腾不得，太难受了。"于是，她跟家人开诚布公，她要去北京，那个从小常陪着爸爸看病去的北京，那个车水马龙、处处是机会的首都。她也承诺：如果到了30岁她还是一事无成，就老老实实回来，安稳度日。

山高海阔，任我驰骋

"北京，北京……在这我能感觉到我的存在，在这有太多让我眷恋的东西……"彼时，汪峰尚未创作这首歌，但在北京奋斗了一年后的李沛桐深知北京就是她心里的归宿。有时，被工作"虐待"一天后，她会特意在天安门站下公交车，面对宽阔的广场，站在长安街边，拿出手机拍一张自己和天安门的合照，给自己打气。看着街上车辆川流不息，望着远处的万家灯火，她告诉自己，终有一天，这里会有一辆她驾驶的车，会有一盏她点亮的灯。

为了治疗甲亢及凸眼浮肿等伴随症状，李沛桐坚持服药三年多，直到下决心来到北京，她还处在带药恢复中。她承认，因为学历不高且外貌焦虑，那时候的她是极不自信的。但当自己真正踏上北京的土地之后，她感觉到自己迎来了新的起点，这里没有人认识她，也不知道她曾经经历过什么，也是从那时开始，她正式改名叫"李沛桐"，她要在北京重获新生。

初到北京，她选择到英语学校学习作为缓冲，犹记得入学第一天，俞敏洪老师对上千名师生做了一个小时振奋人心的演讲。那晚她彻夜失眠了，写了满满5页的日记："一股巨大的能量在我身体里涌动，无处安放，我准备好了，北京。"在这里学习的小半年，是她最认真学习也是收获颇丰的一段时光，她用每天咬牙坚持晨跑治愈了缠绵多年的甲亢；她用热忱投稿当上了校报记者，并第一次获得奖学金；她用善良和仗义结交了两位"患难"至交；她用同学和老师的认可获得了步入北京的第一笔宝贵的资源。

学习结束正式步入社会，她本着"边活着边找机会"的原则，一边做着低门槛的销售业务——开设店铺销售韩国饰品，一边到处投简历。2002年，她"曲线救国"来到当时一家都市报合作的广告公司工作，用四个月成为一个人顶一个部门的销售冠军，其间因为文字功底和表达能力突出，代表广告公司直接对接报社周刊编辑。也正因为这样的机会，李沛桐被报社老师正式推荐进入了后来影响其职业及生活轨迹的某国家级媒体，实现了她梦寐以求的职业理想。

2003年6月，她正式进入理想的国家级媒体单位，无比珍惜，极其努力。即使刚开始是以业务人员身份进入，底薪非常少，她依然像打了鸡血一样每天工作十几个小时，乐此不疲。在那个大部分人用台式机的年代，她宁可负债，自掏腰包买了一台价格昂贵的笔记本电脑，只为了多干活，更快成长。

初来北京的几年，李沛桐几乎断绝了与老家亲友的一切联系，一门心思工作，希望尽快扎下根。2004年夏天，高中好友来北京旅行要来看看她，那时候她已经

李沛桐和她的工作团队

从地下室搬到了地面，第五次搬家到丰台区的一间平房，和三人合租。她自认为"发展不错"，已经有了接待朋友的条件了，便邀请好友来出租房见面。但当好友看到简陋破旧的房子后，眼圈都红了，说："我真不明白你这是图啥，家里啥都安排得好好的，跑这里来受罪。"她却大笑着说："你不知道，因为自己的努力而一天天都在变好的日子有多畅快，有多好！"

靠着一股不服输的劲，她迅速在单位站稳脚跟，一年内三次涨薪。三年多时间，她数十次参与国家级重大会议服务和报道，顺利成为一名记者，同时发挥她一直以来出色的"组织能力"，逐渐成为单位"大型活动办公室"负责人，开始独立策划和制作一些大型项目。这些经历使她的职业能力和眼界格局都得到极大的提升，甚至对她往后的人生观和价值观都有非常正向的引导。这家单位给她提供了最好的平台，推荐她的报社老师和一手提携她的"启蒙领导"都是她感念一生的伯乐。前前后后，她一共在此工作了七年，这全力以赴、大开眼界的七年，是李沛桐最宝贵的资源价值之一，是"不怕失业更不怕创业"的自信来源之一，是在北京安身立命最核心的基础之一。

任何努力都会有回报。2005年，李沛桐在北京买下了第一套房，实现了自己曾经在北京天安门前许下的心愿。买了房，自然而然便想安家。李沛桐是说做就做的性格，她清楚地知道自己想找怎样的另一半，所以也很快遇到了如今相伴18年的先生。两人从认识到结婚，不过半年时间，先生是从事人工智能领域科学研究的，当时还在日本东京大学做博士后研究。结婚以后，李沛桐在几经权衡后决定辞去当时蒸蒸日上的工作，陪着先生去了日本。随后他们一路相伴，在中国香港、日本、美国等地工作学习，共同养育了三个孩子，也经历了婚后的艰难磨合、双方至亲的离世、经营商贸实体的艰辛、家庭与职场角色的转换配合……先生和她性格互补，彼此信任有加，虽有摩擦，但从无危机，结婚至今，她自认圆满幸福。2024年5月，他们一家被评为"海淀区最美家庭"，近日又被推荐入选"首都最美家庭"，这是对他们努力经营婚姻的一个褒奖。

李沛桐和家人

执炬而行，此心光明

　　2015 年，李沛桐已经是三个孩子的妈妈，是具备一定的经济基础、富有国际化视野和经营实体商贸的经验、经过八年婚姻磨砺的坚韧、包容、智慧的成熟女性。这时她再次回到职场，以人才引进的形式担任原单位新组建的国企传媒公司的高管，负责单位开展的所有大型活动的制作，并担任由该单位作为官方指导单位和执行机构的"环球夫人大赛"的首席运营官。

　　2015 年 12 月，李沛桐带领团队圆满完成第 19 届环球夫人大赛的两场重要比赛：中国区总决赛和全球总决赛。她调动一切资源，邀请众多明星和知名主持人、艺术家助阵，进行堪比春晚的排演和舞台设计，辅以大量宣传曝光，使环球夫人品牌在中国迅速被认可，成为该品牌在中国发展的重要起点。从那时起，直到 2024 年的 10 年间，李沛桐亲力亲为，见证并推动了环球夫人品牌在中国的落地生根、枝繁叶茂。自 2017 年起，她开始兼任北京等赛区的分赛区主席，2018 年担任环球夫人全球执行副主席，同其他优秀女性一道，将这一赛事一步步推向了女性文化品牌的头部位置。

　　环球夫人大赛于她而言，是使自己能力和眼界进一步提高的优质平台，使她在服务大赛、维护优质女性社群的同时，结交了无数优秀且志同道合的姐妹，她们成为李沛桐最重要的事业伙伴和生活密友。

　　悠悠岁月，不知不觉中"40 岁的小女孩"正式步入不惑之年。于公，她事事完美，成绩斐然，是别人眼里无所不能的"战神"；于家，她生儿育女，贤良淑德，是孩子们口中的"万能妈妈"。回顾过往，她做到了竭尽所能，问心无愧，但是心中的使命和愿景时刻在提醒着她，人生不是用来演绎"完美"的，而是用来体验极致的。用她自己的话说，"人活一世，总该在这个世上留下一些痕迹，哪怕推动社会前进一丝一毫也好"。她想用自己的方式，做出对这个社会和时代更有意义的事。于是，她向重用她多年的领导写了一封长信，表达要独立创业的想法，就像 23 岁辞去老家的体面工作来到北京一样，她要开启新的阶段，养育她的"第四个孩子"。

公益足迹

2018年，北京海贺世家文化传媒诞生，这是一家以她父兄的名字命名的公司，承载了家族使命和她更宏大的愿景。时至今日，公司已经稳步发展到第六年，除各种文化项目的策划和出品、国内外各种会议的组织制作外，她还投资出品多部女性题材短剧，与文旅融合策划举办首届巫山女性文化旅游嘉年华、中关村女企业家国际年会、中智女性企业家国际论坛，出版女性励志类的系列图书……2020年8月，以集结"华而有实"并且具有使命感的优秀女性为使命，旨在共同为社会的发展和进步做出贡献的女性社群"华实会"应运而生。逾十年的时间，李沛桐一直在女性赛道耕耘。

《我们是环球夫人》（第一季）新书发布会

《我们是环球夫人》（第二季）新书发布会

如今，她蓄起了长发，那个曾经"显得很厉害"的短发造型已经与她不适配，她说"我在无数的女性身上看到闪光点，获取了滋养并且得到了力量"。她的使命和方向逐渐清晰，她知道，果断干练是力量，温柔细腻也是力量，女性不应囿于学历，不用被定义，不该被冠以男性的性格色彩，正如她的微信签名："温柔且有力量，承载更多。"

　　经常会有人问起李沛桐"你的理想身份是什么"，企业家？优秀母亲？社群领袖？……如今她非常笃定：她要用超过20年的时间，做一个真正"为女性发声、赋予女性力量，并且可以切实帮助到女性"的"民间妇联"。从今天起，她要站在台前，同万千女性一道，做对时代发展和社会进步有所贡献的"社会活动家"。前方的路或许长有荆棘，或许多有险阻，可"大道五十，天衍四九，人遁其一"。她时常以泰戈尔的《用生命影响生命》来激励自己，在前进路上，"把自己活成一道光"。李沛桐愿执炬而行，踏出那一条路，待到两鬓斑白、垂垂老矣之时，或许她会笑着说道："此心光明，亦复何言。"

2020 年 8 月，李沛桐和华实会成员一起为"华实会"成立揭幕

刘松艳

梦想作舟　沧海任遨游

也许是因为生在孔孟之乡山东，也许是因为在青岛海边长大，刘松艳的身上有着一种与生俱来的儒雅风度和磅礴大气，那是一种让人信任的气场，也是一种敢为天下先的豪情。人们甚至很难将这种性格和她姣好的面容、高挑的身材、温和的嗓音联系在一起，但当我们真正走近刘松艳时，发现作为事业女性的她，注定有着未必波涛汹涌，但一定华彩壮阔的人生。

人们常说，时势造英雄，其实，英雄也在造时势。传统意义上，这份重担和荣耀落在男人身上，但总会有些女性，将这种刻板印象一扫而空，她们以自身的努力和事业狠狠击碎偏见，做女性自强、奉献社会之事，造女性独立、成就梦想之势。

回望过去，那个曾经在海边和妹妹们共同许愿，要好好照顾父母，莫让别人轻看的女孩，心中的那艘大船早已扬帆，只等劲风呼啸，便足以远航。于是，我们看到，这位要强直率、真诚果决的女性，执掌着生活与生命的风帆，向着未知的浩瀚破浪前行。

从追梦人到造梦者

岁月如同一位无声的旅人，悄然穿越世间万物，不知不觉地塑造着每一寸光阴。在流转的时间里，刘松艳从一个懵懂的女孩踏入了成人的世界。

22岁那年，她走出了校门，踏上了"北漂"之路，并幸运地被一家上市公司录用。然而，在人才济济的大公司里，她的起步并不高端，和很多职场新人一样，发端于毫末。但值得庆幸的是，那海的辽阔与山的厚重给了她别样的坚韧，让她在职业发展中始终保持着一份初心：努力、坚持、脚踏实地。如此这般，从普通员工做到管理者，她慢慢从青涩新人蜕变为成熟职业人，从行业小白成长为职场精英。

在刘松艳的征途中，那家公司就是她梦开始的地方，在那里，她的专业能力得到了提升，视野变得开阔；她学会了如何优雅面对复杂的工作，如何与各式各样的人有效沟通，也学会了细节决定成败，策略决定胜负。无论如何，那些年的磨砺都是一份弥足珍贵的礼物，不但让她在挑战中变得愈加强大，也为她的理想大厦打下了坚实的地基。

真正的转变出现在2011年，她开始认真思考"创业"这件事。经过一段时间的摸索，她依稀窥见了一座灯塔——教育！她的想法绝非异想天开：一方面，教育对个体、家庭乃至整个社会都具有至关重要的意义，这是一个可以长久发展的行业；另一方面，考虑到个人资源与优势，成人教育是个不错的方向。

打定主意之后，刘松艳向公司递交了辞呈，面对她的选择，公司领导尽管不舍，却还是给予了理解与赞赏。"他们还对我说，未来要是遇到困难，公司的大门会永远为我敞开！我特别感动，有一种离家闯荡的感觉！"

没过多久，商学院起步运行，而对于刘松艳来说，这无疑是一次全新的挑战。一开始，她选择了党政领导干部培训方向，虽然收获颇丰，但受众的特殊性也束缚了她的手脚，限制了学院的发展。思前想后，她决定改变方向，将目标锁定在企业家身上。为了重建学习体系，她通过教育部门引进了国外顶尖教育资源——UMT-DBA博士班和UMT-MBA硕士班项目，为企业家提供前沿、实用的知识与技能。此外，商学院还开设了丰富的非学历教育项目，为学员提供终身学习的机会。

"调整方向之后，感觉畅快了不少，大概是因为企业家普遍比较容易沟通，而且知道自己想要什么。更重要的是，他们让我看到，商学院不应该只是一个传递知识的渠道，还应该是一个激发人们潜能、帮助人们解决问题的平台。"如她所说，与企业家们的交流让她更加深刻地理解了教育的力量，也让她更加热爱这份充满挑战和机遇的新事业。

刘松艳工作照

在生活中做最优选

在创业的海洋中航行，起伏不定是常有的事，刘松艳的航程也不例外。同行的竞争、学员的困惑、资源的拓展、服务的保障……种种问题时刻考验着她，但在她眼中，这一切都是成功的必经之路，不足以让她退缩。

可是，与事业平行的生活，却是另一番光景，细微地呵护生活的平衡，不仅是一门学问，更是一项艺术。忙于事业的刘松艳只顾埋头赶路，却有些忽视了家庭和生活，她要扮演的不仅是事业掌舵人的角色，还要承担起妻子、母亲、女儿等多重使命。于是，在那年秋风乍起时，她猛然一抬头，发现自己已经站在了悬崖边。

"我们的关系一度陷入了僵局，他觉得我把精力都放在了工作上，没有照顾好家庭，说那不是他想要的生活！"刘松艳唏嘘地说。一方面，那时学校正值转型期，事务繁杂，她忙里忙外，早出晚归，精力透支得厉害，所以回家之后，除了休息什么也不想做。另一方面，她又是一个对工作极度认真的人，无论是为别人工作还是为自己创业，都追求完美，不计较个人得失，也不允许自己有任何懈怠。这或许与她作为"长女"的身份有关，是与生俱来的气质，也是历久弥坚的脾性。

因此，面对先生的条件和要求，她无奈地提出了一个折中的方案：双方考虑一个月。在这段时间里，她需要重新审视自己的人生方向，做出最终决定。就在她感到彷徨时，一位作为过来人的姐姐给了她宝贵的建议：对于女人而言，事业很重要，但家庭是无可替代的，那是能够挡风遮雨的地方。这番话，她听进去了，心里也有了答案。

实际上，约定的时间还没有到，刘松艳就接到了先生的电话，这让她稍稍安定下来。她知道这通电话是对方的态度，也是公公婆婆的期盼，既然如此，那自己就试着做出改变吧！

从那之后，她开始寻求家庭与事业之间的平衡，制定更详细的工作表，尽量将时间安排得恰到好处；婉拒不必要的应酬，只为能更久地停泊在家的港口。生活，一天天地回到了正轨。

其实关于这件事的许多细节，刘松艳也是在后来才知道的。在婆婆因病卧床的日子里，家人闲谈间，婆婆提起了当时的情形。"婆婆拉着我的手说，她和公公都站在我这边，认为我有事业心，有社会责任感，只是做不到朝九晚五，作为家人应该多体谅。"

婆婆的话如同一道温暖的阳光，照亮了刘松艳内心的角落，她轻轻握着婆婆的手，感受着从那双布满岁月痕迹的手上传来的温度，那一刻，她深刻地意识到家人的支持和理解有多么重要。

群英汇聚
共赢未来

人世间最美的收藏

　　与大多数人无异，刘松艳最初的感知与最深的情感都源于母亲。从她记事起，母亲就是她的依靠和支柱：那双手温暖而有力，为她们梳理头发，为她们包扎伤口，为她们抚平伤痛。

　　"我妈妈出生在一个大户人家，兄弟姐妹几个都很聪明、很用功。但在特殊时期，她因为家庭成分而失去了继续上学的机会。后来恢复高考，我小姨和小舅都报了名，考入名校，成了高才生。"刘松艳回忆说，"不过，这并不影响我妈妈成为一个优秀的女性，她很独立、有思想，更有自己的生活哲学。"

　　在刘松艳眼中，母亲身上拥有数不清的优秀品质，坚韧、正直、善良、孝顺……她记得，小时候家里一做好吃的，不管是包饺子还是炖鱼，母亲都会第一时间给爷爷奶奶送去，用实际行动告诉孩子们，百善孝为先。

刘松艳在商学院开学典礼上讲话

在父亲去世之后，刘松艳和妹妹们商量，过年时大家轮流回家陪母亲，但母亲却固执己见，要求女儿们守护好自己的家庭。她知道，母亲是不想成为女儿们的拖累。这些年，陪伴妈妈的重任落在了小妹一家身上，这让她既感动又欣慰。"我时常想起当年对妹妹们说的那句话：我们三个加起来一定能顶一个男人。我觉得我们做到了！"

除了母亲之外，在刘松艳的心中还有一位女性占据了特殊的位置，那就是她的婆婆。刘松艳说，婆婆虽说没有接受过教育，但身上却有一种独特的魅力，她的爱无私又真挚，总能让家里充满欢笑和温暖。就拿吃饭来说，在母亲家，需要等所有人入座才能动筷，但在婆婆家，她总会催大家趁热吃，说食物的火候很重要，然后一边呵呵笑，一边继续做菜。

"更重要的是，婆婆总在我们消沉的时候，给这个家带来希望，她就像生活里的一束光，总能为我们指明方向。"刘松艳激动地说。2021年，她在忙乱的一天收到了婆婆确诊癌症的消息。为了保护婆婆的情绪，起初，大家选择了隐瞒，但不久之后，老人就敏锐地洞察到了一切。面对医生的预言，婆婆没有向命运低头，反而安慰刘松艳说，只要坚定信念、保持乐观、积极配合就一定能够战胜病魔。"她坚持到了现在，经历了十二次化疗，病情得到了明显的控制。她的乐观和顽强给了我无尽的力量！"

如刘松艳所说，在她的生命旅程中，这些可爱的人，赐予她力量与灵感去塑造属于自己的人生故事，无论未来的路多么崎岖，都是她最坚实的后盾；这些宝贵的记忆既是对往昔的深情回顾，也是对未来的温柔指引，会陪伴她走过此后的岁岁年年，直到她也成为别人心中珍贵的一幅画。

每一个明天都由今天决定

　　岁月的脚步往往在我们不知不觉中走过一段又一段的路。转眼间，商学院已经历十余个春秋。在这漫长而充实的时光里，身为学院创始人的刘松艳也渐渐成长为企业家教育培训领域的一位标志性人物。不仅如此，她还担任了北京市海淀区女企业家协会理事之职，并在2024年被智利驻华大使馆特授予"中国—智利民间交流杰出女性"荣誉称号。

　　这些收获和荣誉并非轻易得来的。刘松艳常说，优质的教育能够改变一个人的命运、一个企业的命运，乃至影响一个国家和民族的未来。因此，教育工作不单是一份职业，更蕴含着热爱、承诺和责任，而她也始终以这份热爱为动力，坚守着对教育的承诺和责任。除了在学历教育与非学历教育上精耕细作之外，她还打造了青松世纪教育平台，专为海外及归国华人企业家提供持续学习和成长的空间；商学院也会定期举办各类活动，让学员们深入交流，汲取智慧。

　　在她经年累月的努力下，商学院精心构建了丰富又全面的课程体系，该体系不仅覆盖了学位教育的各个领域，还灵活融入了非学位教育的多元课程，同时引入了美国斯坦福项目等顶尖的教育资源，这种综合性的课程体系设计赢得了国内外众多企业家的认可。"我们的客户群体从60后到00后，从创一代到他们的接

刘松艳带领 UMT 学位班 2022 级学员去上海研学合影

刘松艳（右七）2024年被智利驻华大使馆授予"中国—智利民间交流杰出女性"荣誉称号

班人，从资产大亨到创业新生代，范围很广。"刘松艳笑着说，"我之前的上司现在是我的学员，实际上，她是中科院研究生，一开始选择加入是支持我创业，但后来也慢慢喜欢上了不断学习的感觉。"

谈到未来，刘松艳的目标非常明确——除了拓展课程资源之外，更要专注于"服务"，确保每位学员都感受到尊重和关爱。"作为商学院，共性的东西要有，个性的内容也应该有，所以我一直很看重'服务'，但我说的服务可能和大家所想的不太一样，我希望帮助企业家解决现实问题，使他们在学习过程中能有切实收获。在我看来，真正的服务除了提供便利，还要提供品质。所以，我准备继续拓展教育边界，通过访问知名企业和学府，促进知识交流，进一步丰富课程内容。"

毫无疑问，从平凡到不凡，无论时光如何变迁，刘松艳始终是那朵在海岩上顽强绽放的花，虽不起眼却拥有着惊人的力量。她带着最初的梦想，一路走到今天的辉煌，不仅证明了女性的力量，更展现了女性的价值。她用事实告诉我们，只要勇敢地迈出每一步，遥不可及终会变成触手可及。她的故事或许不会被世人传颂，但在她自己的生命里，却是最璀璨的篇章。

李初沄
一切皆有可能　我将永不止步

李初沄相信，创业与年龄有关，随着生命感受和创业格局的变化，在不同的生命阶段，她很可能会遇到新的开始，发现新的事业增长点。在过往的创业道路上，她不断跨越发展，做过百万粉丝级的网红、体验过演员艺人身份、参加过选美大赛、创建了自己的餐饮品牌、投身慈善事业、开办实业……这些关键词概述了她目前的人生轨迹。

她曾说："人生的每一步都是挑战，每一次都是体验。"她喜欢《乱世巨星》中的一句歌词："天生我喜欢用实力争胜，横行全凭本领。"这可能也是她生命的写照：纵使困难重重，总是凭借自己的能量一一化解。不做公主，不做女王，只朝着自己心目中的卓越女性一步步迈进。

唯有好心，始得真心

广东茂名，一座拥有 2000 多年历史的南国古城，因西晋著名道医潘茂名而得名，因"好心文化"而备受尊崇。茂名的"好心文化"脱胎于潘茂名的"济世有奇诀，救人须用心"，凝练为南北朝时期洗夫人的"唯用一好心"。这种极富东方色彩的奉献他人和社会的文化哲学，滋养了一代又一代茂名人。

"我出生在茂名信宜，但是我对茂名的印象是模糊的，因为很小就去了深圳。"李初沄对自己的故乡有些轻描淡写，但是她似乎没有意识到，故乡的文化每时每刻都渗透在她的骨血里，挥之不去。更何况父亲每年都要带着全家人回到茂名，祭祖、过年、走亲访友，他希望儿女们记住自己的根在哪里，这会让他们明白生活的目的，也更多一份对他人和社会的责任感。

于是，我们看到李初沄的身份不仅是一位优秀的女企业家，更是一位不折不扣的公益达人。

2008 年，李初沄作为汶川地震志愿者奔赴灾区，在天灾面前，她和来自四面八方的志愿者一起，有一分热，发一分光。

李初沄参加亚太杰出女性联合会理事长授牌仪式　李初沄参加平凡英雄公益基金会捐赠活动

2012 年 12 月 31 日跨年夜，她得知深圳街头有不少流浪的露宿者身在异乡无家可归，索性牵头发起一场民间公益活动，给流浪的人们送去热腾腾的饺子和温暖的军大衣，让这个跨年夜不再冰冷。

2016 年，在成立"魔女女神群"后，李初沄与"女神群"里的"女神们"共同捐资建造希望小学。看到原本建在山坡上老旧而狭促的教学楼拔地而起，教室崭新窗明几净，操场平整设施齐全，她觉得比什么都值得。

李初沄成立"魔女女神群"，共同捐资建造希望小学

2018 年，李初沄参与推动"助力维和战狼英雄"公益项目，参加第六届中国公益慈善项目交流展示会，她希望和其他同人一道，推动公益项目进一步规模化、异地化、标准化发展。

2019 年，李初沄出席"守护逆行者"公益捐赠活动，并代表平凡英雄公益基金会受赠感谢锦旗。

2020 年，新冠疫情肆虐，她组织"魔女女神群"的女神和孩子，为武汉市一线警察及医务人员积极捐赠，当武汉物资供应得以恢复后，又为国外的一线警察及医务人员捐赠。几轮下来，累计捐赠的物资价值近百万元。令她终生难忘的是，由于当时情况紧急，交通中断，物资很难运送到武汉，在多方努力下，广东省东部航空以及武汉应急局为物资开拓了直升机航线，物资通过直升机运抵灾区，确保到位。正是因为她义无反顾的付出，那一年，她获得"助力抗疫平凡英雄·专项行动特别贡献奖"。

成为"环球夫人"后，李初沄在更高的认知层面和人生格局去奉献爱心，她已然不限于单纯地捐款捐物等公益行动，而是想寻找可以长久做公益的可持续发展之路。经过多年摸索，如今，她已经把公益和公司业务结合到一起，在助农兴农方面打开了突破口，在给农民带去更多收益的同时，公司业务也有长足进步。当打通了原料产地溯源、产品深加工和销售的链路后，李初沄的公益链也形成了闭环。"我很满意现在的事业状态，因为它切切实实让种植户收入提高了，客户也买到了更优惠的产品，我的'好心'落地实现了。"李初沄不无骄傲地说。

李初沄参加 2021 年环球夫人大赛合影

横行全凭本领

在深圳，她长大成人、成家立业。也许是受这座城市的独特气质影响，李初沄和很多同龄人一样，毕业后没有去寻求稳定，而是做了一名连续创业者。有人总结她所做的事是"创业、创新、创富、创美"，颇为传神。

李初沄相信，创业与年龄有关，随着生命感受和创业格局的变化，在不同的生命阶段，她很可能会遇到新的机会，发现新的事业增长点。在过往的创业道路上，她不断跨越发展，做过百万粉丝级的网红、体验过演员艺人身份、参加过选美大赛、创建了自己的餐饮品牌、投身慈善事业……这些关键词概述了她目前的人生轨迹，却无法精细描绘创业路上所遇到的艰辛与曲折。

她推崇美国埃隆·马斯克的"第一性原理"，擅长将复杂的问题分解为最基本的元素或原理，不断剖析问题的结构，直到找出主要矛盾和矛盾的主要方面。在自己目前孵化的山茶油品牌经营过程中，李初沄发现消费者对茶油的认知度很高，但由于价格较高，消费量不大，她希望改变这样的局面，更希望中国的好产品能让世界知道。于是，她决定通过自己的方式把增加成本的链路压缩整合，缩短从产地到消费者的中间环节，同时做到产品全过程质量跟踪。几年来，李初沄凡事亲力亲为，拜访农户、注册产品商标、创新生产工艺、整合销售渠道……目前，她已经实现基地和工厂的双有机认证，位于江西省兴国县的油茶树基地面积已达上万亩，也在广东清远及多地建立"阳光玫瑰"、水晶梨等绿色农产品基地。更让她满意的是，她的产品实现了消费者与乡村原生态农产品的精准对接，她说："我很庆幸，自己为乡村及城乡共赢发展贡献了属于自己的力量。"

步步生莲，亭亭玉立

　　时间回到 20 世纪 90 年代初，彼时的李初沄年纪尚小，她还不懂得愁滋味，可那时的她，正值需要父母关爱的年纪，但爸爸妈妈去深圳创业，还无法安顿她，于是，李初沄被留在外公外婆家生活。她想和爸爸妈妈在一起，但很显然，这对当时的她而言是奢望。

　　懂事很早的小初沄知道，爸爸妈妈在深圳努力打拼是为了这个家，他们希望自己更懂事、不惹事，哪怕是被欺负了，也要自己去慢慢消化。这种过分在乎亲人期望的情形也有些形成了她的"讨好型人格"，而它给小初沄带来的苦恼便是，她无法给自己树立边界，很多时候被表哥诬告嫁祸，甚至有时候被罚跪也不辩解，幼小的心灵留下了阴影。

　　但时间和阅历总会治愈一切，上了初中后，李初沄到生活在蛇口的姨婆家寄宿，没人会想到，姨婆成了对她影响最大的那个人。姨婆夫妇是参加过抗日战争的老战士，一身正气，更重要的是，姨婆一家人给了李初沄从小到大最为渴望的重视和赏识。慢慢地，她知道自己很重要，这种自尊和自信让她在日后的生活中总有舍我其谁的豪气。

　　"姨婆给了我一种力量，就是不向命运低头。"李初沄说道，"小时候，也许家不能给自己最大的关爱和满足，我也无权挑选自己的家庭，但是，我们可以选择如何面对这样的家庭，不被儿时的阴影困住。"可以说，是姨婆帮助她悦纳了自己的过往，和儿时的自己和解。对李初沄而言，这段有趣的经历非但不是坏事，

反而让她明白自己才是自己的主人，她有能力采取行动去修复和弥合原生家庭的影响，而这，是家给她最大的生命感悟。

而今，李初沄和女儿处成了"闺密"，和儿子处成了"兄弟"。她懂得爱的界限，更理解孩子们寻求独立的渴望。她不会要求他们成为什么样的人，而是更看重自己成为什么样的母亲，她希望给他们带去的是爱的陪伴而不是爱的负担。她会配合女儿做她自己喜欢的事，一起参加Cosplay，一起去逛时装周，像姐妹一样无话不谈、毫无忌讳。而对于儿子，她坦言，儿子照顾妈妈的时候要多于妈妈照顾儿子，她也更喜欢在儿子面前撒娇。她知道，曾经自己受过的伤，不会再在孩子们身上重现。

"除了姨婆，家人是我最大的财富。"不经意间，李初沄将话题转向了自己的外公、父母和先生。

外公凤凰牌自行车的横梁上，驮着她小时候的蓝天白云和鸟语花香。她记得那是小学一二年级时，坐在外公自行车的车尾座上上下学或者到处转悠，那是她儿时最开心的时光。路不远也不近，街上的人不多也不少，一上车，烦恼似乎一下子就消失了，她想不出什么词来形容这种感觉，只觉得开心。

军人出身的父亲坚强果敢，母亲则温柔包容。父亲从部队转业后在稳定的体制内工作，但在骨子里，他是个闲不住的人。彼时恰逢深圳特区建设发展

李初沄作为66个赛区最年轻的主席在2020年环球夫人大赛上表演

李初沄连任 2020 年环球夫人大赛桂林赛区主席

的黄金时期，于是便毅然"下海"，而母亲也跟随父亲一同前往深圳，毫无保留地支持父亲。"父亲做事一定会坚持到底，所以他做的生意一直都有结果。"父亲做过汽修生意、砂石厂，还涉足制造业，直到现在，虽然已经退休，但他还在创业。而母亲一直默默支持丈夫，不管经历多少起伏，始终不离不弃，让这个家永远是安安稳稳的。李初沄感恩父母亲的辛勤付出，他们创造了富足而宽松的家庭环境，让自己和弟弟妹妹有了很不错的人生起点。

　　至于先生，李初沄笑着省略了"缘分天注定"的恋爱细节。婚后，他们共同奔赴事业，不仅是亲密爱人，更是忠诚的合伙人。李初沄坦陈，虽然自己在公司运营中抛头露面比较多，但先生其实才是整个事业的基石，是他在幕后稳稳地托举着自己，才让自己将更多心思放在创美和创新上。

更让李初沄感动的是，先生不仅支持她的事业，更全力推动她走上环球夫人的舞台。李初沄知道，身边不少女性朋友的另一半都不希望女性抛头露面，但李初沄的先生不这样想。他支持李初沄对爱和美的追求，鼓舞她不断突破，成为她想成为的样子。"我先生在某种意义上说也是我的贵人，他给我支持和信心，让我更自信、更独立。"

作为环球夫人，也作为曾经的分赛区主席和如今的中国赛区副主席，对于环球夫人赛事，李初沄充满感恩。从前的她，耿直刚烈，只认可自己认为对的事，缺少换位思考和共情力。但是当2017年作为选手登上舞台后，她发现虽然夫人们都很优秀，但是每个人都有不同的人生，如果用自己的标准定义他人，那就是在制造强权和隔阂。特别是2020年担任环球夫人桂林赛区主席后，她学会了倾听，学会了去发掘每位夫人的闪光点。这种能量场的变化也被朋友们看在眼里——以前不容易靠近的李初沄，现在越来越容易相处了。以前，朋友向她倾诉，她会毫不犹豫地出主意解决问题，而今，她更愿意安安静静地听着，时不时给予安慰。

李初沄说，女性是雌雄同体，不仅要有如水般柔美的外表，更要有如山般坚韧的内心。柔中带刚之后，不是要把自己变得多强大，更是要能通过润泽别人让自己强大。真正的强大不是孤芳自赏，而是大美与共。很庆幸，她所行走的这条路，正在有越来越多的人大步而来，李初沄也相信，更多女性汇聚了美丽与智慧的力量，同向同行，这个世界一定会更加温柔，更加像它应有的样子。

张海棠

瑰宝人生：迎风盛放作海棠

南宋诗人杨万里曾诗云："无人会得东风意，春色都将付海棠。"时值春日，微风轻拂，万物竞生。可人们似乎没有注意到春风的自由与快意，只有那迎风轻摆的海棠，仿佛是得了天道自然的眷顾，承载了所有春天的寄托，恣意盛放，美不胜收。

以海棠为一个女孩命名，或许是长辈希望她像春日的海棠一样，花开万朵，芳满乾坤，可以想象，那一定是一道生动而美好的风景，而得到如此祝福的人，便是"宝格尼亚"珠宝品牌的创始人——张海棠。

长大后，张海棠对如春风般的先天馈赠有了更深的认识，她尊重天然，但也相信斧凿，万物如此，人也如此，女人更如此。"女人和宝石是相似的，不仅要有天然去雕饰的美，也要历经切磋琢磨的成全，如此一来，才会自然温润又不失棱角。"张海棠如是说。

一重光景一重天，张海棠珍惜她的每一段经历，但她不会被过往牵绊，她的生命里，尽是优雅前行。这种底色和基调，总会给她无穷的力量，让她在低潮时有勇气去改变，在高光时能冷静坦然。也许，这就是张海棠的人生密钥吧。

坚守品质，哪怕代价是失去

在深圳水贝，这个国内珠宝交易的枢纽，每天都上演着无数珠宝的传奇故事。张海棠，作为"宝格尼亚"珠宝品牌的创始人，与水贝有着深厚的渊源。她的家族在此深耕多年，拥有珠宝设计镶嵌的独特优势以及国内顶尖的珠宝鉴赏和设计能力。同时，她也深知，好的宝石需要匠人精心雕琢，好的品牌更需要时间的沉淀与打磨。

"名义上我和师傅们是雇佣关系，但是我更觉得自己和他们是由珠宝串联起来的同路人。"张海棠这样评价她和匠人们的关系。

到工厂里和师傅们共同推进设计加工，是张海棠的日常工作之一。但因为她的家安在重庆，为了尽可能平衡家庭和事业的关系，坐飞机通勤成了她生活中的常态。从机场出来，她会一头扎进工厂，了解进度、讨论设计、商量工艺，有时候她会在厂里待一整天，直到必须赶往机场返回重庆。"身体上是有些疲惫，但看到我们的客户能拿到最满意的产品，都是值得的。"

为了提高自己的能力，几年来，张海棠持续学习珠宝知识，考取多项专业证书，出席各类国际珠宝展会，并到斯里兰卡、泰国等地的矿山挑选原石。此外，为了让大家认识珠宝，避免"踩坑"，她会举办沙龙，分享珠宝知识。她说自己的确有些辛苦，但有团队支持，她还可以应对自如。在张海棠的眼中，厂里的工匠才是最辛苦的，他们的手因为长期与石头、器械和水接触，粗糙且长满厚茧。就是这一双双手，创造了人类的精致的美。她从不让师傅们干急活，也尽可能不让他们加班，因为好的珠宝饰品是靠时间打磨出来的，有时候客户时间要求很紧，她宁可失去生意也不接单，她坚信，只有品质才是长久信赖的基础。

　　大学时代，张海棠的专业是广告设计，这使得她对艺术设计有扎实的基本功，但这对于珠宝行业而言还远远不够，特别是宝石鉴定曾经是她很大的知识盲区。于是，除了多听多看之外，她干脆到原始采挖现场，下矿坑，筛泥浆。这种来自一线的体会不仅让她提升了对宝石的鉴赏能力，也感受到了宝石开采的艰辛，让她对自己从事的这份职业有了更多的敬畏感。

　　"我会在美的路上一直走下去，发现美、创造美、成就美。"美不是外在的光鲜和璀璨，而是内在匠心的凝结，珠宝如此，人亦如此。如今，她所举办的沙龙，早已超越了认识珠宝的范畴，更是女性朋友们相互鼓励、共同成长的平台，她觉得这是和珠宝一样珍贵的价值，是一种精神上的认可和契合。

张海棠在斯里兰卡矿山采矿现场

这一次，我选择迈开脚步

张海棠的故乡在河南邓州，那是一座在《山海经》和《史记》中均有记载的小城，而在邓州发掘的八里岗仰韶文化遗址，更是早有先民在这片土地上生活的有力证明。

小时候的张海棠还不会去关心这些厚重的历史，她更喜欢在太爷爷的怀里随着摇椅摇来摇去，听他讲小镇上的故事。偶尔，她还要淘气地摸几下太爷爷的白胡子，老人假装的嗔怪只会换来小海棠咯咯咯的笑。在张海棠的记忆里，老家的生活是慢悠悠的，不需要一点儿急迫。镇上的石板路上，永远有三五相伴的朋友在嬉闹，家里的小院也一直开着各样的花。那时候没有课外辅导，也没有兴趣班，生活就是无忧无虑的，是童年该有的样子。

"我们现在也会常回到邓州，因为我的亲人还生活在那里。"张海棠说。她喜欢老家的松弛感，更希望孩子们从小就懂得孝道和亲情。在她看来，不善于将爱表达出来的中国人，在长辈面前，只能用孝道和亲情来替代。但孝道不是愚孝，而是相互理解和包容，是对亲情的珍惜。因为这样的言传身教，张海棠的两个孩子也很喜欢去邓州，探望年事已高的长辈们，感受家的温暖。

由于对家的重视，张海棠曾经将自己的全部精力都放在家庭上，她一度认为自己一生的任务就是把家营造得舒适温馨，照顾好双方的老人，让女儿和儿子快乐成长，给为事业不断拼搏的先生一个温暖的港湾，而在 2019 年之前，她也的确如此。张海棠的生活重心都在先生和孩子身上，她被老公呵护着，被孩子依赖着，虽然每天都是重复的、固定的，但却是满满的稳稳的幸福感。于是，她成了别人

眼中妥妥的"舒适圈中的美太太、美妈妈"。

　　但张海棠知道,她的生活不应该全是孩子的。她记得尹建莉老师曾说过,在小时候给孩子尽量多的依赖和爱,长大的时候学会第一个送他离开,也许你是他曾经的良师和益友,但在孩子长大后,他会有自己真正的朋友、知己和爱人。所以,随着孩子们渐渐长大,作为一个称职的母亲,张海棠深知是时候得体地退出了,这将是孩子生命里父母给他的无条件的爱。

　　在亲子关系上的退出,不意味着她会留下心理空白,其实,她从未停止思考自己的价值和潜力所在。这种内心的觉醒驱使她开始寻找新的生活方向,并重新审视自己的能力和兴趣。于是,张海棠选择了创业。

张海棠工作照

"我要给孩子们一个榜样，妈妈在不停成长、不断学习，通过自己的努力实现自身价值，他们也一样。"如此一来，我们看到，珠宝行业里多了一个亮丽的新品牌，多了一个能干的女人。

　　凭借着自己的专业背景和不懈学习，张海棠慢慢站稳了脚跟，更重要的是，她重新找回了自信，那是一种独立的自信。虽然创业路上有太多痛苦，甚至她有时候想打退堂鼓，回到过去的生活，但身体不会骗人，她没有停下，更没有倒退。她说自己不是木棉，要靠缠绕和依附才能生存，她是海棠，坚韧和独立才是自己的本色。

　　"我感恩自己的每一个经历，它们的出现都不是偶然的。"不管多忙，张海棠每天都会给自己留出点时间冥想，她相信，发生的事情都是一种启发，这会引导她不断探究生命的真正价值，而她一定会选择做自己，即使这是一条注定不平坦的路，但它显然更有意义。

张海棠工作照

报之以歌，创造和美生活

2022 年，当第 25 届环球夫人大赛重庆赛区决赛落幕的那一刻，拿到赛区总冠军的张海棠在头脑里突然冒出一个念头，她要争取成为环球夫人大赛重庆赛区的负责人，让更多夫人了解、走进这项赛事，让更多优秀的夫人脱颖而出，有机会在更大的平台上展示自己。

彼时，镁光灯尚未熄灭，祝贺的掌声还未散去，张海棠站在舞台中央，参加大赛的一幕幕浮现在眼前。她自己未曾想到会成为冠军，更未曾想到她在这个舞台上会有如此大的成长。"毫不夸张地说，我在环球夫人的舞台完成了蜕变。"张海棠说。

在环球夫人的舞台上，张海棠不仅展示了风采、交到了朋友，更重要的是，她看到了众多优秀的女性，听到她们的心声，和她们一同感受成长。她承认，以前自己的性格有点急，处理问题果断直接，黑白分明。但是在环球夫人的舞台上，她找到了"缓缓归"的从容，这是一种来自内在的优雅，是一种人生底蕴的沉淀。

"当我在用一种和美的眼光看待世界时，世界也向我展示了和美的一面。"在张海棠看来，我们投射了太多的内心情绪给这个世界，于是，有人看到了善的世界，有人看到了恶的世界，这种分别心是人们无法和谐相处的原因。"放下评价和判断，单纯去感知这个世界，就会觉察到平时无法获得的感受，这就是所谓的正念。"

活在当下的张海棠不满足于自己所获得的成长，她真心希望更多夫人能走进这所"好夫人学堂"，最终走进自己的生命殿堂。于是，她向环球夫人大赛中国组委会申请，希望能够承担起重庆赛区负责人的重任。不得不说，这是她对自己的又一次考验。

"环球夫人大赛重庆赛区主席不是一个头衔，不是一个结果，而是一个过程，我需要把这个工作踏踏实实做下去，真正惠及女性，你可以认为这是一份责任。"张海棠的体会很特别。

张海棠担任环球夫人大赛重庆赛区主席

重庆是西南重镇，因为长江和嘉陵江在此汇流，这里的人与生俱来有着浓重的码头文化——江湖义气，恩怨分明，这里的女人不仅漂亮，性格更是干练爽朗。在重庆生活了十几年的张海棠以一种独特的他者视角来关注重庆人，在她看来，重庆女性这么优秀的品质和性格远远没有被展示到位，她希望通过环球夫人大赛的平台将重庆夫人打造成一张鲜明亮丽的文化名片。

为了实现这个目的，她通过多种渠道寻找和挖掘女性，鼓励她们去参赛。为了让优秀的人更加出彩，她专门聘请专业人士来讲授社交礼仪、舞台展示等，不仅如此，她更重视参赛夫人们的内在修养，专门请来文化导师和身心导师，为夫人们授课。几轮比赛下来，赛区的夫人选手们收获颇丰，而张海棠也体会到了让别人成长会让自己更加感到幸福和骄傲。她记得重庆赛区决赛举办完之后，很多夫人给她发来短信，感谢张海棠为大赛付出的努力，也感谢她为传播重庆女性精神所做的贡献。

看到夫人们的成长，张海棠自然开心，但她深知，推动每一位女性走向自信和自立，尚有很远的路要走，欣慰的是，她清楚自己正走在正确的道路上。未来，她会投入更多精力去关注女性成长，发掘更多的优秀女性，并且用设计加工宝石的态度去打造夫人，让质朴的美石幻化为闪光的宝石。

毫无疑问，张海棠一定会成功，这不是她一个人的功劳，这是今天中国万千女性的内心追求，越来越多渴望幸福、渴望被认可的女性正汇聚成一股力量，温柔的力量。于是，这个世界正在变得刚柔相济、色彩缤纷。

桂铭妤

幸福人生　向阳而开

　　"我觉得我很幸福。"说这句话的时候，桂铭妤沐浴在北京深秋的阳光里，淡金色的光晕仿佛是从她身体里溢出来的幸福的触角，让人不由自主就相信了这句话：是的，这是个幸福的姑娘。

　　她找到了一份让她觉得幸福的工作，她是个幸福的母亲、幸福的妻子，也是个幸福的女儿，她有十分幸福的过去，她享受着现在的幸福，也将有一个可以预见的、幸福的将来。

　　而这一切的缘起，理所当然，还是归功于她那段幸福的童年。

军院绘梦童年

幸福的桂铭妤出生在河北张家口，因为爷爷是军人，全家是军属，从唐山到张家口，军区大院就是小桂铭妤全部的世界。

在铭妤的记忆里，军区大院里什么都有，有大礼堂、小卖部、医院，有清澈的河流，有数不清的叔叔阿姨。

爷爷疼爱小孙女，放弃了离休的机会，退休在家里看孩子。那时候的铭妤有辆小小的童车，拽着绳，她嘟嘟嘟地在前头开，爷爷跟在后头跑，一老一小的笑声，至今都有老邻居记得。

还有在河边捉蜻蜓和逮蝴蝶的时光，虽然已经过去很多年，但是每次想起来，那些金灿灿的阳光、色彩斑斓的蝴蝶，就是她这一生幸福的底色。什么时候累了、困了，都可以躲进去，痛痛快快哭一场、笑一场、睡一觉，到醒来，又充满了力量，可以重新出发。

爷爷奶奶给予铭妤的，也并不全是宠爱，还有自立自强的原则和自律的习惯。

军区大院里是这样的：大伙儿早上跟着起床号起床，晚上跟着熄灯号熄灯，规律的生活习惯深深嵌入肌肉里。

一直到现在，三十年过去，铭妤都没有睡过几次懒觉，哪怕是周末，哪怕是节假日，就好像脑子里有那么个号子声，准时准点响起来：该起床了！该做事了！该工作了！这让她永远比别人有更充裕的时间来工作和生活。

军旅梦启蓝天

幸福的小姑娘在爷爷奶奶的宠爱里按部就班地长大，她追随爷爷的脚步参了军，军队驻扎在青海的西宁，那时候叫"二炮"、现在叫"火箭军"的那支部队，就是她曾经服役的地方。

有人觉得军队里苦，训练苦，铭妤不觉得，她从小生活在军人中，她太熟悉这种生活了，她太熟悉这个味道了，对她来说，进军队，就和回家一样。但是她还是会想家，想爷爷奶奶。

两年军旅生涯一晃就过去了，铭妤复员回家，这时候她原本可以安安稳稳做个户籍警。"女孩子最要紧的是安稳。"那时候大家都这么说。

但是铭妤不这么想。她还年轻，她不想要安稳，她想离开张家口，她想去见识外头更大的世界。而机会就这么恰到好处地来了：航空院校招人，被录取的话，读完书就可以去航空公司上班。

铭妤觉得这就是最好的安排。

凭借高挑的身材和过硬的素质，她轻松通过了考试，但是要放弃唾手可得的安稳，父母有点舍不得。"别折腾了。"他们这么说，他们舍不得唯一的女儿。

最后还是爷爷站了出来，他说："我支持我的孙女。""无论她想干什么，我都支持，所有开支，由我来出！"

过去很多年，铭妤还记得这两句话，她的爷爷——一个脾气火暴、特别有原则的老军人，他有很多传统的思想，他也盼着孙女在身边安安稳稳过完一生，但是她想飞，只要她想，他就支持。

　　在爷爷的支持下，铭妤重新回到了课堂，两年半的学习之后，又顺利通过了深航招聘。刚好，东航也来招人，老师和她说："小好你有经验，你带着学弟学妹去过个场吧。"

　　就过个场，铭妤又被东航选中了——说穿了也不奇怪，是金子在哪里都会发光，有眼睛都能看到。

　　摆在面前的两条路都不差，铭妤选择东航，只是基于一个简单粗暴的理由：深航要等三个月，东航只要等一个月。

异国归梦故里

铭妤在东航工作了五年，这让她觉得幸福。即便已经离开多年，她还记得和伙伴们穿着漂亮的空姐制服，穿过光可鉴人的机场大厅——那在 21 世纪初，是多少漂亮女孩子的梦啊。

空姐是服务行业，无论是高官政要、霸道总裁，还是明星名流，在这里，都只有一个名字，就是客人。

铭妤喜欢做服务业，那也许是源自童年的幸福，让她乐于施与，她拥有足够的力量，她乐于给，也给得起，所以她总在帮助别人、服务别人。她的热情让她在这个行业里无往而不利。

这份工作她做得很开心，后来离开，多少是和婚姻有关。

铭妤的第一段婚姻，先生是个空调机械师，他来机场做飞机维护，就么认识了。婚后，先生被派去常驻印度尼西亚，铭妤也就跟着到了雅加达。雅加达是个典型的东南亚城市，有着充沛的阳光和茂盛的绿植，公司分配了很好的房子、为他们服务的三个菲佣和一个司机。

桂铭妤在那里度过了一段愉快的时光，她教当地的华人孩子说中文，也去唱诗班，学着做燕窝，也欣赏当地的木雕艺术。

她知道自己的性子，闲不住，总想干点什么，但是有时候她也以为这样的日子她会一直过下去。

直到有天晚上，她躺在躺椅上，凉风习习，头顶就是星空，她忽然想起千里之外的家乡，想起爷爷奶奶，不知道此时此刻，他们在做什么，有没有想她——他们一定在想她，就像她也在想念他们一样。

她想家了。

可能有人说，现在交通这么发达，想念家里，飞回去不就得了。铭好的先生也这么说，但是铭好不这么觉得，她想回去，她想立刻见到他们，见到他们爬满皱纹的脸——她是可以飞回去，但是要从香港转机，要多花一天的时间，而想念就这么不讲道理：她等不了这一天。

于是，那个当初一心想离开张家口去见识外面世界的小姑娘，就这么结束了婚姻，拖着行李箱，回到了张家口。不同的是，当初她离开是一个人，这次回来，她还带回了她的女儿。

奋斗与幸福交织的时光

如果说铭妤的前半生里，有那么一段时间让她觉得辛苦的话，也许是因为从北京到张家口的火车，要坐四个小时。

是的，铭妤在张家口没有停留太久，有朋友拉她去北京做"大健康"，她那时候不知道什么是"大健康"，朋友拍着胸口和她说："你就先跟我做呗，慢慢就会了。"让桂铭妤哭笑不得的是，带她入行的朋友说完这句话之后才半年就离开了，而她在公司一直做到现在，九年了。

那时候她把女儿留在张家口，母亲和她说："这孩子我给你带着，你放心。"

她是想放心，工作也不容她分心，但是一到周末，她就忍不住坐上火车，"哐当哐当"四个小时回张家口，看看她的小姑娘。小姑娘长得挺漂亮，雪白的皮肤，像她；小姑娘乖巧懂事，省心得叫人心疼，像她；小姑娘挺会念书，功课总能在年级排进前三……比她强。

桂铭妤想起这段时光，总觉得既幸福又心酸，她得上班，她得努力上班，她既然把女儿带回来，就该给她创造一个好的条件，让她像自己小时候一样，幸福快乐、无忧无虑地长大。

抱着这样的信念，桂铭妤全心全意投入工作中，等到工作有了起色，北京到张家口的高铁也通了。她永远记得第一次只花了一个小时就看到女儿时候的感觉，太幸福了！

生活在这样一个时代，就是桂铭妤幸福的源泉。

总能找到一份喜欢的工作，也是桂铭妤的幸福。

刚入行的时候，桂铭妤什么都不懂，但是就像朋友说的，做着做着就懂了。"大健康"做的是辅助生育，说穿了还是服务业。医学，桂铭妤不懂，但是服务业，那正是桂铭妤的舒适区。

虽然开头多少有些艰难，但是只要有人认可，只要能帮助到客户，桂铭妤就有了动力；认可她的人越来越多，口碑做起来了，工作就是一种享受。

工作稳定之后，桂铭妤把女儿接到身边，接着又有了第二段婚姻。她的先生是个北京人，做房地产行业，是个特别善良的男人，会做饭——在桂铭妤这里，男人会做饭是加分项。

那当然不是说桂铭妤不会做饭，她会，但是工作更能体现她的价值，她的先生也赞成这个观点。虽然说吃用不愁，钱够用就行，但是人在工作中获得的不只有金钱，还有成就感。

桂铭妤很高兴先生能支持她的工作，她乐意工作、乐意与人打交道，她乐意帮助人、服务人，也乐意在工作中认识各行各业的人，这种向外的好奇心让她一直保持着对工作的热情。

她把全部的精力投入工作中，她一度以为自己是不会依赖人的，但是当她和先生在一起之后，她惊奇地发现，原来她只是在工作上不依赖人，而在生活上，她得到了一个可以让她放心依赖的男人。

桂铭妤参加活动现场工作照

环球照耀巾帼情

桂铭妤觉得自己实在是太幸福了，她有永远支持她的爷爷奶奶，他们已经90岁了，偶尔拌嘴吵架，恩爱无比；母亲热衷于广场舞，每天打扮得美美的，跳舞跳进了复赛，把七大姑八大姨挨个通知到位，那个得意！

她有个可以放心依赖的丈夫，有聪明又理性的女儿，有让她成就感满满的工作，她在公司做到了副总。人生走到这里，只让她觉得圆满，圆满到恨不得能分点什么给别人，让别人也和她一样幸福。

桂铭妤因此投入了慈善事业，由政府牵头，她的公司帮扶了一些贫困学生。她去探望过那些孩子，还资助了其中几位。那些长在山沟沟里的孩子，有的没有父母，由爷爷奶奶抚养，有的读不起书，需要资助。

这些孩子让她看得心酸，也让她认识到个人的力量终究是渺小的：她能给钱，但是她能给的也只有钱。

桂铭妤在"第26届环球夫人大赛（京冀赛区）启动仪式暨2023首届'京娱'高尔夫邀请赛开赛仪式"上作为河北赛区执行主席讲话

就在这时候，又一项机遇砸到了桂铭妤的头上。

起初是她的合作伙伴得知"环球夫人"这个平台，大家都觉得这是个机会，能够宣传公司，树立企业的公众形象，然后问题就来了：派谁去参选这个环球夫人？

这时候会议室里所有的目光都直接投向了桂铭妤：肤白貌美大长腿，你不上谁上？

桂铭妤起初有点不乐意，后来大家都哄着她，说这是工作。既然是工作，桂铭妤也只能赶鸭子上架，硬着头皮上了。

桂铭妤对工作一向是尽心尽力的，她很快从不乐意转变成了乐意，因为她发现，这确实是个不可多得的机会。

在这个平台上，桂铭妤见识到比想象中更多的杰出女性，她们散落在各行各业，就等着这么个机会，就等着这么个平台，让她们彼此认识，让她们站在聚光灯下，让她们把每个人的力量都汇聚到一处，让世界看到她们，让世界看到女性的力量！

桂铭妤无法形容，她有种终于找到组织的兴奋感，她终于找到这样一个平台，找到这样一群姐妹，让她可以把外溢的幸福分给更多的人。

"环球夫人"的赛事已经办了27年，夫人们去过深圳、去过海南、去过重庆，而今年赛区培训，因为她的出色，组委会任命桂铭妤担任了第26届环球夫人大赛河北赛区的执行主席。她曾经从这里出发，然后一次又一次回到这里。

这一次，她想把家乡介绍给所有人，这里有办过冬奥的滑雪场，它不逊色于瑞士，它值得被所有人看见。就像桂铭妤，在多年前退伍回家的时候，在稳定和飞翔之间，她选择飞翔，她想飞得更高，飞得更远，看见这个世界，也被这个世界看见。

梁芮宁

自在圆融　活出真我

在见到环球夫人大赛中国总冠军、全球亚军梁芮宁以前，她在人们想象中应该是一个高冷的形象，但当见到她时，就会发现圆融、真实、淡雅、灵动用在她身上，最为恰切。

正如她说："人生就是一场历练，一时的成就无非昙花一现，长久的人格价值才能让自己终身受益。女人，重要的是内外兼修、刚柔相济、真诚感恩。"

改名字，智慧圆融

"我出生在军人家庭，父母不希望我娇滴滴的，所以给我起了个比较偏男性化的名字——梁岭。他们希望我能够在人生的道路上不畏险阻，翻山越岭。"自然，爸爸妈妈的期待没有落空，他们的女儿从差点儿在游泳池被淹死到两次横渡长江，从感统失调导致晕车到驾驭空军训练设备，从只身到北京再到24岁完成在京三处置业，从产后160多斤的状态到环球夫人大赛中国总冠军、全球亚军，梁岭奋勇争先，活得干脆快意。

而就在她36岁本命年这一年，她改了名字——梁芮宁。"芮是草初生的样子，代表坚韧不拔；宁代表温柔智慧。"梁芮宁解释道。"芮宁"二字，安静柔和又充满生机，也许，这正是她如今的写照吧。

她曾经小小年纪创立公司，代理北京豪宅尾盘，没几年便让自己和公司的伙伴们都有了丰厚的回报，她也曾见证大潮汹涌，感悟"知止而行"，忍受业务转型和事业重启的阵痛。她曾经两次被武汉体育学院选中，有机会成为职业运动员代表祖国叱咤风云，但她没想到自己会在环球夫人全球总决赛上手持国旗率先入场，那一刻，她心中只有两个字："祖国"。她是供职于央企的管理层，也是正在用美丽和智慧感召更多女性的环球夫人。

梁芮宁身上有一种刚柔相济的得体，这不仅体现在她的外表和言谈上，更渗透于她的过往经历中。

由于儿时溺水，梁芮宁曾经对游泳有巨大的排斥。但曾经在战斗一线担任军医的父亲知道，恐惧是一种自我保护，和它和平相处的唯一方式就是战胜它。于是，他鼓励女儿去游泳，这才有了她日后横渡长江的"壮举"。梁芮宁记得，江面很宽，水很冷，对岸无影无踪，她能做的便是坚强向前，毫不停留。

和横渡长江的坚韧相比，在家里，她是温柔的女主人。每天早上醒来，她会骑单车、摆壶铃，让运动唤醒自己；每天睡前，她会写作或阅读，多年如一日。而对于瑜伽、茶艺，她更是内行，平日里，三五好友相约，一盏清茶，一段时光，欢声笑语中尽是闲情逸趣。不只有这些，她还会时不时地做一桌好菜，犒劳下家人。

有人说圆融就是在合适的时间能够扮演合适的角色，厅堂的干练与厨房的烟火，本是一对矛盾，但梁芮宁把它们融合到一处，恰到好处，这一定就是智慧。

花盛开，清风自来

在每个人的生命历程中，都会有些关键时刻和关键人物，通常，那些关键人物被称为"贵人"。有人觉得得到贵人帮助就会万事大吉，其实，自己才是自己的贵人，只有广结善缘、感恩努力的人，才能得到别人的帮助，也才能承载住别人的托举。梁芮宁对此深有体会。

回忆她的过往，有人打开了她的生命格局，让她尝到了事业甜头。那是来京后不久，她经人点拨，选择进入豪宅尾盘市场，由于专注和专业，没多久，他们就成功占据了一定的市场份额，业务红红火火。此后，又有人帮她从迷茫中走出，实现了人生重启。彼时，梁芮宁按下事业暂停键，又历经父亲去世，陷入了人生的低潮。见此情景，有人指点她去考取"政府和社会资本合作项目咨询师"资格，为发展新的事业铺路。其实，在此之前，芮宁先后攻读了中国社科院的金融专业硕士和中国人民大学的EMBA，选择了投资领域作为职业转型的新方向，并先后在一家公司主导完成企业并购、Pre-IPO轮投资等项目。之后，她跳槽到央企，担任投资事业部部长，凭借高级咨询师资格和丰富的经验，她在岗位上出色地完成了公司第一个投资类PPP项目，为她的职业生涯添上了浓墨重彩的一笔。如今，她转战新能源建设领域，从产业导入与投资的角度推进项目，依然有声有色。

引领梁芮宁走向女性觉醒新境界的人是环球夫人全球执行主席——李昀轩。"李主席第一次让我领略到女性的胸怀，就如同之前在书里介绍她的话，她既谋事，也谋势，她力促盛事，推举典范，高扬女性自立自强，同时也撒播至善与大爱于人间，必须承认，她是我的榜样。"尽管梁芮宁由于"榜样"这个词被过度使用而不那么喜欢，但她找不到更贴切的词来形容李昀轩。

梁芮宁记得很清楚，疫情时，"环球夫人"的很多活动受到影响，但即便在城市静默的时候，李昀轩主席和其他主席团成员仍然在为事业和社会责任奔波，她们总是能给其他人希望，把看上去非常困难的事完成。在梁芮宁看来，李昀轩主席的每个行动都是利他的，以这种一心为他人着想为出发点，做起事来定会无往不利。很显然，在环球夫人的平台上，梁芮宁收获的不仅仅是名次和荣誉，更收获了持久提升的方法，一种新的人生体验。

生逢贵人，或逢凶化吉，或平步青云，仿佛贵人一出，就不需要自己努力了一样。但如果冷静思考，我们会发现，帮助和被帮助其实是一个能量场，这不是单方面的输出，更是一种能量循环，只有那些心怀感恩、有所准备的人，才有能力承接帮助，也才给施助者以正反馈。于是，从长久来看，是否有人相助，说到底是个始于智慧、终于人品的生命之问了。从这个意义上说，梁芮宁多遇贵人绝非巧合，其实是某种必然。

梁芮宁参加第27届环球夫人大赛全球总决赛现场

拎得清，自在自如

女人，天生柔弱，女人，天生也坚强，柔弱与坚强纠结缠绕，令人困惑。但如果一个人智慧丰足，便能运用自如、得心应手。于是，我们发现，在各种场景中自在自如的梁芮宁，其实是一团时时事事拎得清的生命之火。

2023 年，环球夫人大赛全球总决赛在海南举行，梁芮宁手执国旗，傲然入场。细心的人发现，她是所有举旗夫人中着装最简单的——没有多余的装饰，拿掉头顶的大冠，英姿飒爽，气场丝毫不输国际赛场上为国争光的运动健儿。

"摄影师说我看起来紧张而严肃，我承认，那是因为我太看重那一刻了。"回想起入场仪式，梁芮宁依旧感动。她担心自己复杂的头冠会影响挥舞国旗，担心身上的华服会弱化庄严，于是，致电请教了外交人士，希望能得到指导性的意见。可惜的是，反馈的意见并不统一，有些人认为这是竞技场合，让自己美丽非常重要，着华服戴头冠也是为国争光，不必过分在意。但是，梁芮宁在意——她不允许任何一点有损国旗威严的可能性发生，于是，我们看到的是"朴素版"的旗手，感受到的却是无比强大的爱国之心。

"为了那一刻，我努力了三年。说实话，过程很艰难，但我感到幸福，因为当一个人全身心投入时，辛苦便不再是辛苦。人能承受体力上的苦，但不能承受心理上的苦。"从心理学角度看，梁芮宁把课题分离做得准确而到位，她一旦确立目标，路上的荆棘便成了同伴，苦累也成了足迹。

不过，芮宁不是一直低调，她会在不同场景下调整自己，很好地拿捏分寸。在

夫人们互赠礼物环节，她的"高调"便足以给人意外之喜。她没有赠送给其他夫人膏粱文绣、珠玉珍宝，但在她看来，即使是再质朴的礼物，也代表着涉外礼仪和中国形象，绝不能含糊。于是，她选定能够代表东方之美的发簪、步摇，配以专门定做的精致包装，让来自全世界各地的夫人感受到了中华传统文化之美。此外，她还带着两个女儿一起参加全球赛，与各国选手见面，希望孩子们也可以参与到国际文化交流中，让"世界是个大家庭"的观念在她们心里生根发芽。

回忆起这段经历，她觉得自己和孩子用一种温柔的力量向世界展示了中国女性。两个双胞胎女儿当时虽然只有 4 岁半，但她们不是坐在台下的看客，而是参与交流的主人，她们和妈妈一道，给其他夫人送去糖果，最开始，她们还有些拘谨，但到后来，孩子们俨然成了场上的"小精灵"，完全沉浸在欢乐的气氛中，还会自然而然地说"Thanks""You're welcome"等英文。孩子们的表现，也让来自世界各地的夫人感受到了中国女性的开放自信、热情好客和文化自豪。

梁芮宁和两个女儿在第 27 届环球夫人大赛全球总决赛表演现场

平日里，梁芮宁是个情绪稳定到静气如兰的人，通常，她会独自面对和处理压力，于是，在她的字典里，没有抱怨二字，在她的日常，也很少会出现情绪失控。倘若是工作进度不佳，她会积极沟通、找出问题，推动事情进展。若是在家里，她又扮演着女儿、儿媳、妻子、母亲多重角色，但她给自己设定了一个底线——不把工作的事带回家，她只想在亲人中间做个独立又偶尔黏人的大龄女生。

梁芮宁喜欢"物来顺应，未来不迎，当时不杂，既过不恋"这样的生命境界，她坚信事情就是事情，心情就是心情，它们并无善恶，正因为自己能够准确地辨别和觉察，才可做到内心平静如水、波澜不惊。

梁芮宁在第 27 届环球夫人大赛全球总决赛上展示秀

守初心，方得始终

梁芮宁承认，当下的社会对女性期待很高，要求也严格，这对女性来说有些"不那么公平"，但她认为最重要的是不抱怨，采取行动改变现状，从自身做起。

她感恩环球夫人大赛，不仅因为这个平台让她成长，更因为它是女性成长的见证，她坚信，未来会有更多夫人在这个平台获得养分，成为好夫人。梁芮宁之所以如此看重夫人的作用，是因为她敏锐地发现，女人幸福则家庭和睦，家庭和睦则社会稳定，女人的幸福可以说牵动着整个社会的情绪。

那要如何才能获得幸福呢？梁芮宁的解决方案是内外兼修，有无相生。"从方法论来说，就是努力实现环球夫人大赛的理念——爱心、智慧、美丽和成就，但要尽可能化有形于无形，把这种能量传导出去。"她用一句经典茶禅来表述这种状态，那便是"遇水舍己，而成茶饮，是为布施"。

梁芮宁的这些感悟，很多来自她的日常经验。她发现，有时候即使自己发心无误，但如果别人不理解或不喜欢，并不会被接受，因为被接受的前提是放弃高高在上的自己，给对方尊重。疫情暴发之前，她会每周末到北京某处给那里的流浪汉送饭。当带着可怜之意施舍时，她看到的是强迫，但如果带着尊重去融入，就会收获平等与感恩。"当我蹲下和他们一起时，我见到他们的眼神从黯淡变得神采奕奕，仿佛点燃了内心的光，也许，他们已经准备改变自己的状态了。"

她很喜欢费孝通先生的《乡土中国》，熟读不倦。她觉得那是一本让她了解真实中国、保持清醒的书。"我们还远没有实现美美与共、天下大同，如果每个人都能做点什么，这世界一定会更好。"

她不反对高调善举，但更提倡无形公益——从身边小事做起、急人之难，凡是人间疾苦发生之处，便是慈善可为之时，不必拘泥于时空和形式。

从小到大，梁芮宁就是如此践行慈善的。上初中时，她和山区孩子结成一帮一对子，持续寄文具、衣服；上大学后，把活动报酬和奖学金捐给校内需要帮助的同学；22岁，把在校期间参加比赛获得的2万元奖金捐给湖北省留守儿童基金会；23岁，去泸沽湖旅行，目睹当地学校条件简陋，于是找到校长的联系方式，回京后组织身边的亲人朋友捐赠大量的文体用品；新冠疫情防控期间，组织捐赠价值600万元的物资……

"做慈善不应满足自己的展示欲望，更不是作秀，能否真正帮到人才是第一位的考虑。只有扎根于一地一事，长期投入与牺牲，才能实现慈善的正向循环。"

不过，梁芮宁也意识到，让无形的善举感召更多人，也是一种善举。于是，她觉得环球夫人出书意义非凡。"书籍可以流传千百年，当后来人翻开书中泛黄的老照片，看到中国女性的成长故事，就是对时代最好的注释。"在梁芮宁的言语之间，关乎女性成长的初心始终未变。

面对未来，梁芮宁也有自己的规划：她想做优秀女性价值的传播者，做女性个人影响力的助推者，做帮助女性成长的引领者。她希望通过不懈的自我提升，平衡好家庭、事业和社交，把自己的人生经验分享给更多人；同时，持续参与公益事业，做正确的事。目前，芮宁关注并投资了银发经济和大健康产业，并希望在这个新赛道上寻找志同道合之士。我们有理由相信，始终在路上的芮宁，一定会在未来做更好的自己，一定。

张雅淇
做更好的自己

从小美到大是一种什么样的体验？

总是因为美而被人瞩目又是一种什么样的感觉？

从世界小姐走到环球夫人，张雅淇对此的回答是：焦虑。

因为她担心被视为花瓶，难以展现真正的自我；她害怕芳华易逝，自己却没有得到足够的提升。

所以，比起在舒适圈里享受成功，她更愿意不断转换赛道，接受挑战。

从破格入职的优秀空姐到惊艳航展的最美飞行员，从七天创业成功的精品店店主到令人信赖的财税专家……今天的她，美丽而独立，谦逊而强大，更重要的是，未来依然有无限可能。

你看，美丽是上天的礼物。

有时候，焦虑也是。

美丽之外的广阔天空

张雅淇出生在东北的一座小城，打小就美得出众。只是回忆在家乡度过的年少岁月时，她觉得，美丽并没有给她带来什么好处，反而增加了无数烦恼。

比如，她的女生缘就不太好，一直没什么要好的同性朋友；又如，母亲怕她学坏，对她管得特别严，她只能做一个乖乖女。

整个学生时代，她只有一次小小的出格，那就是在健身房做了几个月的兼职教练。当时她已经 18 岁读高三了，因为好奇，跟着同学们去健身房跳了几次健美操。教练很快就注意到了她，不但认真教她动作，还主动请她做领操教练。对一直循规蹈矩的雅淇来说，这可是一件有意思的事，能学到新东西，又能锻炼身体，还能挣到零花钱……她没忍住，答应了。

于是，在高三紧张的学习之余，她每天都会抽出一个小时去健身房，健美操当然越跳越好，教练对她也越来越欣赏。高考前夕，教练夫妇找到雅淇的父母，表示想认雅淇做干女儿，送她去首都体育大学深造。

这当然是一条轻松的路，不用担心高考，直接解决就业，雅淇却没有答应。

因为比起前途来，她更在意父母的感受；比起在家乡安逸度日，她也更想去看看外面的世界。

她的选择是去报考航空学校，就读空乘专业——如果飞到更高的地方，一定能看得更远吧。到了航空学校，雅淇的美丽终于为她带来了正面的回馈，入学不久就被选为航校学生会的"乘务长"。

这时候，之前的兼职也发挥了意想不到的作用——学校的形体老师正好做过健美操教练，也喜欢用这种运动来帮助学员塑造形体，雅淇自然而然地成为老师的得力助手，每天晚上都要带着同学们做形体训练。

　　一年之后，当一家大型航空公司来挑选空姐的时候，正在指挥同学列队的雅淇又被一眼看中了。就这样，她顺利地当上了空姐，比同学们早了整整两年。在航空公司里，雅淇的表现依然优秀，用了五年的时间，她一步步从国内航班做到了国际航班，从见习空姐做到了乘务长。

　　习惯了空乘工作的辛苦琐碎，也享受过作为空姐的光鲜亮丽，现在，雅淇终于站到了这个职业的顶端。然而一种不安也在她的心里渐渐萌生：每次站在舱门前，她都觉得她的未来就像眼前的机舱，一眼望去，就能清清楚楚地看到尽头。

　　自己真的要这样走下去吗？雅淇犹豫了几个月，最终还是向公司递交了辞呈。

　　她已经在三万英尺的高空看遍世间风景，如今，她想回到地面，想把握住一些更实在也更有意义的东西。

　　比如，创业。

张雅淇工作照

爱情与梦想的平衡

没有太多资金，也没有特殊资源，该怎么创业呢？

雅淇想来想去，想到了自己最擅长的事："败家"。当空姐这几年，她曾在世界各地血拼，买到过不少让朋友们眼热的好东西。或许，她可以开一家时尚精品店？

那时的她自有一股初生牛犊的闯劲。北京当时最火的西单商圈正好有店面出租，她毫不犹豫地签了下来，转身就飞去广州进货了。

到了广州，她一面遥控着店铺装修改造，一面把选中的单品发到朋友圈，没想到很快就有人回应。于是，雅淇无意中成了最早的微商——店铺还没开张呢，每天的营业额就过万了。等她把挑选的精品摆上货架，更是迎来了一个开门红，当月的净利润达到了 12 万元。

没过多久，这家仅有 18 平方米的精品店就成了整个楼层成交额最高的店铺之一。而这家店，从签约到开张，雅淇仅用了七天。

她发现，自己居然很有做市场的天赋。

六年的空乘生涯，不仅形成了她独特的气质和品位，更培养了她强大的感知力和说服力。

张雅淇和儿子

同样的店铺，她用灯光和玻璃布置出来的店面就更显高雅通透；同样的货源，她挑选出来的单品就更显精致时尚；甚至同样的衣饰，她穿在身上拿在手里，就会加倍地具有吸引力。

"成功"来得如此容易，然而习惯了这样赚得盆满钵满之后，雅淇却又一次陷入了迷惘：她从航空公司出来，是为了赚钱吗？不是。她是想去更广阔的社会历练，想开阔眼界提升自我。但在这间狭小的店铺里，她已经看不到更多的可能了。

那么，就去外面看看吧。这一次，雅淇将自己的简历投向了大公司，几个offer顺利到手，她最后选择了一家主营直升机业务的集团，职位是总裁助理。职位和业务当然是陌生的，但做人和做事的逻辑却没有太大变化，雅淇恰好是一个善于抓住规律的人，在工作上很快就得心应手，总裁也渐渐视她为左膀右臂。交给她的事越来越多，从商务招待到客户维护，再到人事管理……

对她来说，每一项新业务都是一次考验，也是一次机会。为了更好地抓住机会，她抓紧一切时间学习新东西，学管理，学营销，甚至学会了开直升机——在安阳航空节上，她就曾英姿飒爽地身穿飞行服亮相，被媒体称为"最美飞行员"。

随着工作任务的加重，雅淇再也无法兼顾西单的精品店了，在轻松的现金流和辛苦的职业发展之间，她选择了后者。

她做的一切，领导自然也看在眼里，更高的职位和薪酬都已在路上，但就在这时，另一个选择又摆在了雅淇的面前——男友向她求婚了。

当时两人交往的时间并不算长，但男友对她关怀备至，加上双方父母的期盼，走向婚姻是自然而然的事。可是一旦结婚，他们将定居外地，工作显然难以为继。

为了充实和提高自己，雅淇从来都舍得放弃，放弃悠闲的生活，放弃稳定的职业，放弃财源滚滚的店铺……但她无法放弃爱情和婚姻。

从安逸中破茧，以母爱筑梦未来

婚后，雅淇的日子骤然变得轻盈起来。先生的家境极为优越，他们住的别墅就是自家开发的，家里还有好几个阿姨帮着打理家务；远离北京的喧嚣，没有工作的压力，雅淇第一次活得如此轻松。

不过，轻松之余，雅淇很快就注意到，别墅区有栋特别的房子，那是一家慈善机构长租的地方，住着二十几个患有成骨不全症的孩子，俗称"玻璃娃娃"——他们的骨质极其脆弱，大多发育不良，没有劳动能力。虽然慈善机构帮他们解决了基本的吃住问题，但孩子们的生活条件依然有限。

雅淇觉得，自己必须为他们做点什么。所谓授人以鱼，不如授人以渔，雅淇深知学习的重要，所以在帮孩子们解决各种生活问题之外，她将更多精力放在了教给他们一技之长上。

她特意从北京请来了老师，教孩子们弹琴、画画、演讲，之后又想方设法为他们拍公益片，组织义卖，让孩子们能用自己的劳动换来报酬。

这些琐碎的事，她一做就是好几年，怀孕之后也没有停下。就在临产前两周，她还筹办了一次大型活动，拉来几十个朋友和义工，陪着孩子们度过了一个难忘的儿童节。

只是当这些孩子提出想去外面上学的时候，雅淇还是感到了无奈，她已经做全职太太好几年了，手头的积蓄和资源都不足以支撑孩子们的这个梦想，而她周围的人也并不支持她投入更多。面对孩子们渴望的眼睛，她意识到，想要更好地帮助别人，她得有更强的能力。

何况她马上就要做母亲了，就算为了自己的孩子，她也应该成为一个更好的榜样，一个更强大更有担当的母亲。

正因如此，在孩子出生之后，雅淇作出了一个决定：她不要再养尊处优了，她要重新出发。

张雅淇和儿子

坚韧绘就璀璨，诗意拥抱蜕变

重新出发当然并不容易。

为了更好地提升自我，她去一家女性教育平台进修了相关课程，上着上着就变成了平台的形体训练导师，学员遍布北京、深圳等十几个城市。积累了足够的经验后，她干脆成立了自己的平台，还担任了世界小姐的赛前培训导师。

一次机缘巧合，雅淇结识了环球夫人大赛的李沛桐主席，在她的身上，雅淇看到了一个不一样的赛事，也渐渐感受到，在舞台上展示自我固然荣耀，但在舞台背后踏实工作、默默奉献，更能让人从里到外焕发出动人的光彩。

在沛桐的鼓励下，雅淇不但参加了环球夫人赛事，夺得了 2019 年全国总决赛的季军，还承揽了 2020 年京津冀赛区的比赛——从培训选手、布置场地到举办活动，都由她一手操办，几天的不眠不休，换来了赛事的圆满成功。

雅淇从中也受益良多。正是通过环球夫人的赛事，通过在赛事中认识的姐妹，她认识到自我提升的真谛——外形的改善、外在的成功，固然是有益的，但真正的提升其实更依赖于心灵的成长，只有改变原有的认知，从内心打开格局，才能拥有一个更宽广的世界。

过去的她一直在努力奋斗，匆忙前行，而现在，她感觉自己终于"沉"下来了。

这份从容沉稳，让她找到了更适合自己的领域。

在疫情防控期间，她和朋友合办的税筹公司在市场上站稳了脚跟。

这一次，雅淇只用负责她最擅长的市场部分，多年积淀的资源终于派上用场，很多上市公司都成了她的客户。

　　她也没有忘记，投资自己的最好方式是学习。

　　虽然可以找个学校轻松地深造一番，但雅淇还是选择参加难度更大的全国研究生联考，并最终拿到了中国人民大学商学院的录取通知书。

　　2020年年底，雅淇为自己买了一辆保时捷——并不是为了炫耀，她只是想给自己一个奖励，证明自己走上了对的那条路。

　　其实回头看去，她一直就走在对的路上。每一次，当她在人生岔路口面临选择的时候，她都会选择更难走的那条路。

　　我们都知道，向上的路总是更难走的，但也只有这样的路，才能让我们成为更好的自己。

张雅淇开直升机

用爱做舟，驶向诗与远方

如今，雅淇依然关注着女性教育的领域。

在她的公众号、视频号里，她一直在反复谈论着相关话题——关于女性成长的路径、关于生活的智慧、关于两性关系和亲子关系，等等。

她也依然参与着华实会组织服务工作，因为这同样是一个女性成长的平台，能在女性之间传递爱与能量。

这些工作都无法获得什么商业回报，雅淇却依然投入了巨大的热情，甚至当有资本找到她，想让她转换赛道、尽快变现时，她都毫不犹豫地拒绝了，因为这是她真正热爱的事业，她不可能因为钱就放弃初衷。

一路走到今天，没有人比她更懂得成长的重要，这么多年以来，她在这条路上得到的经验和教训、收获与反思，她都想拿出来与大家分享。

张雅淇与"玻璃娃娃"们一起度过生日会

不久前，她就分享了和"玻璃娃娃"们一起度过的生日会。七年前，她帮助这些孩子学会了弹琴、绘画、演讲，现在他们有人在广告公司做绘图，有人在教孩子弹钢琴，有人在做公益宣传……他们可以养活自己了，而且活得很快乐。

　　这样的结果让雅淇无比感动，而当她的孩子跟这些哥哥姐姐一起画画、弹琴的时候，她更是忍不住热泪盈眶——之前她一直有点疑惑，她和先生并不擅长艺术，也不曾在孩子的艺术教育方面下功夫，孩子却早早表现出了音乐绘画的天赋，他的天赋是从哪里来的呢？这一刻，她想她知道了。

　　"爱出者爱返，福往者福来。"所有真心的付出，终究能获得温暖的回报。

　　回望过往，雅淇还记得，在孩子出生时，她曾下定决心要成为他的榜样，如今她已经做到了，却还想做得更好，所以她给自己又定了两个小小的目标：拿下中国人民大学商学院的 EMBA 学位，为残障儿童设立一个专项基金。

　　无论是系统的理论学习，还是把慈善从个人投入转向专业操作，对她来说，都是新的挑战，都不会太轻松。

　　也许成为更好的自己，从来都不会轻松，需要付出很多很多的努力和很多很多的爱。

　　雅淇一直在路上。

张雅淇在活动现场工作照

古丽
奔赴春天的列车

从前，沿着丝绸之路进入西域，到达的第一个地方是哈密；

如今，从新疆坐火车去北京，离疆前的最后一站也是哈密。

古丽就出生在这座号称"丝路咽喉，新疆门户"的美丽城市。看着一辆辆开往远方的列车，少女时期的她有了一个梦想，那就是要坐上火车去北京。

18 岁那年，她考进了首都名校，实现了心中的夙愿，但这仅仅是一个开始。

后来的她成为业内著名的时尚买手，开展广受欢迎的全国巡讲，取得在环球夫人舞台上的赛区冠军，更成长为无数女性信赖的成长导师……

如果说人生是一段旅程，她其实一直都在那辆奔向梦想的列车上。她在不断前行，也不断将更多姐妹拉上这列列车，带着她们一起奔赴更美丽、更幸福的春天。

始于铁轨的逐梦路

古丽和铁路或许天生就有缘。

古丽的家乡哈密是著名的铁路枢纽，父母又都在铁路系统工作，身为铁路子弟，她从小就看惯了南来北往的列车，但真正立志要坐上火车去北京，还是上了中学之后。

那一年她读初二，正值最为叛逆的"中二期"，心思浮动，对学习也莫名地没了兴趣。到了期末考试的时候，成绩一直名列前茅的她居然直接掉到了班上的十几名。老师很不满意，父亲来学校开家长会的时候，听到的自然也不再是表扬，而是话里话外的批评。

和父亲一道走在回家的路上，古丽心里忐忑极了。她知道，父亲对孩子们的学习一直很重视——他自己来自风气保守的南疆，刚开始到哈密上班的时候甚至只会说维吾尔语，却把几个孩子都送去了维吾尔语家庭很少选择的汉语学校，为的不就是汉语学校的教学质量更高，她们能学得更好吗？自己这次考得这么失败，一定让他很生气也很失望吧！

沉默许久之后，父亲果然谈起了她的学习，却并没有提到这次考试，而是回顾起了以前她的好成绩——他相信，只要古丽像以前那样学下去，以后考个名牌大学是没有问题的。

古丽既感动又愧疚，就在那一刻，她下定了决心：自己绝不会辜负父亲的期望，她不但要考上大学，还要考上北京的名牌大学，她要坐着火车去首都，成为一个让父亲自豪的名牌大学生！

四年之后，她实现了这个梦想，以高分考进了对外经济贸易大学，还是热门的外贸专业。她终于坐着每天都能看到的 70 次特快列车来到了北京。

　　大学四年，她继续发挥着学霸的特长，除英语之外，还学会了难以掌握的阿拉伯语。新知识也带给她新眼界，她的心里有了一个新的人生蓝图，那就是要在北京扎下根来，她要为自己，也为家人，打拼出一片天地。

梦碎再启航

凭借出色的专业能力，毕业后古丽如愿留在了北京，在一家外贸公司从事专业对口的服装贸易工作。两年之后，她又跳槽到沃尔玛，负责这家世界顶级电商的服装采购工作。

2005 年，她进入了一家著名的国际时装集团，仅仅过了一年，就担任了公司的品牌项目主管。之后的 10 年，她管理的品牌在全国各大城市的黄金地段开设了上千家门店；每一年，她采买的服装金额数以亿计；每一季，她选定的新款会出现在全国各大商场最醒目的位置……

作为时尚买手，她的成就已是有目共睹，就像她曾经梦想的那样。在一切都已驾轻就熟之后，新的梦想也在古丽的心里渐渐成型：她想拥有一份真正属于自己的事业。

此时，她在服装领域已经深耕了 10 多年，对流行时尚拥有敏锐的触觉，在服装生产的各个环节都积累了丰富的资源，也曾目睹那些服装小作坊是如何一步步发展成大公司的，所以顺理成章地，她选择的创业方向是建立自己的时装企业。

2015 年，谢绝了公司的再三挽留，她全力投入自主创业。在她夜以继日的努力之下，一批批优质的时装终于生产出来，但随后的销售工作却进展得并不顺利。看着仓库里渐渐堆积起来的产品，古丽意识到，自己或许选错了赛道——在早已饱和的时装市场上，有好的产品是远远不够的，推广和销售才是关键，而这并不是她擅长的领域；此外，她所选择的创业模式还是重资产型的，不会给她太多的试错机会和成长时间……

一年之后，古丽不得不壮士断腕，止损退出，代价是，赔了五百万元。

这样的损失并不是她负担不起的，但这次失败还是给了她巨大的打击。毕竟在此前的人生里，她的经验都是付出必有回报，只要努力，就可以从一个成功走向另一个成功，而现在，这些信念都被打碎了。

雪上加霜的是，她一直幸福美满的婚姻，也在这一年，悄然出现了危机。

古丽参加女性魅力活动现场工作照

重拾的爱与自我

古丽的爱情故事开始于大学校园。

她的先生是她的同学，长得俊朗阳光，魅力十足，家境也好。两人 18 岁牵手，26 岁结婚，一起度过了最美好的青春，也见证过彼此的成长，婚后又有了两个聪明漂亮的女儿，组成了完美的四口之家。

在很多人看来，出生于普通家庭的古丽能遇到这样的先生，能拥有这样的婚姻，是上天赐予的运气，但对于古丽来说，这一切更是她前进的动力——她之所以努力留京，勤奋工作，乃至拼搏创业，一个很重要的原因就是想变得更强，更优秀，从而缩小两个原生家庭间的差距。

她的这份事业心，先生一直非常理解，她决定辞职创业，也获得了先生的支持。然而创业之路注定孤独，有人曾形容说，它就像在悬崖边走独木桥，那种压力，没有走过的人根本无法理解。古丽的先生也是如此，不管他多么支持古丽的选择，都很难理解她背负的重压，隔阂也由此悄然而生。

在古丽创业失败之后，这道隔阂更是变成了鸿沟——骄傲如她，不愿意让先生看到她暗淡脆弱的一面，先生则觉得她越来越遥远陌生；之前两人世界里那些隐秘细碎的不和谐，也渐渐变得难以忍受……他们生活在同一个屋檐下，却几乎没有了交流。

古丽参加 2019 幸福力成长营全球巡讲《遇见更幸福的自己》闭营仪式　　古丽参加硕士毕业典礼

古丽意识到，不能让事情这么发展下去，她必须走出阴影，在事业上重新出发，也重新找回家庭的温暖与幸福。当年父亲就曾告诉古丽，过去的失败不值一提，只要好好努力往前看，梦想就一定能实现。这一次，她同样可以做到！

　　她报名了女性教育的课程，开始系统学习如何提升自己。一个偶然的机会，她在课堂上接触到了心理疗愈的内容，老师的娓娓道来让她第一次意识到，原来认识自己、打开自己是如此重要的事情；原来在亲密关系的维护上，有这么多的问题、这么多的误区……仿佛一扇大门在眼前徐徐打开，古丽看到了她找寻已久的那条路。

　　有了正确的路径，古丽学会了打开自己，学会了如何跟先生坦诚沟通，发现彼此间的差异，真诚面对，勇敢尝试，进而找到解决问题的办法……在双方的努力下，他们找回了当初的甜蜜感觉，甚至有了更为亲密和谐的体验，曾有的隔阂自然也烟消云散。

　　这样的亲身经历让古丽更加清楚地意识到，如何维护亲密关系是一门科学，很多问题都需要一系列的科学解决方案，但大多数人却根本意识不到这一点——就像从前的她。她想更深入地学习相关知识，也想把这些知识告诉更多的女性，因为她知道，有太多太多的女性朋友需要这方面的帮助了。

　　在系统学习过相关领域的知识后，古丽成功竞选上了教育平台的导师。2017年到2018年，她用了整整一年的时间在全国进行巡讲，学员们的积极反馈，也给了她更大的信心和热情。2018年下半年，她跟志同道合的姐妹们建立了一家女性会所，主要帮助会员解决私密领域的身心问题。

　　这一次，她选择的是轻资产运营，负责的是最擅长的技术工作，更重要的是，她的所学所授，的确能给予他人实实在在的帮助，她能亲眼看到会员们的改变、收获和感动……然而就在一切都在健康发展的时候，意外再次发生——因为过于相信朋友，古丽将自己和亲友的资金交给了一位好友打理，结果在 2019 年 9 月，产品突然爆雷，她损失了整整一千万元，不得不出售了两套房产才填上窟窿。

这样的损失可谓伤筋动骨，家庭的氛围又一次降到了冰点。

因为自己的轻信，让事业和家庭都再次陷入危机，古丽当然很难过也很自责，但她更清楚，自己绝不能沉溺于这些负面情绪，她必须做点什么。

古丽想起了环球夫人的赛事。

几个月前，她曾以试试看的态度报名了环球夫人，只是突如其来的平台爆雷打乱了她的一切计划，当然也包括对赛事的准备。如今大赛即将拉开序幕，她还要不要参加呢？

在深思熟虑之后，古丽决定，她要全力以赴地参加这次比赛！因为她需要新的挑战、新的舞台来磨砺意志，提振信心；也因为她要给她的学员们做一个好榜样，用自己的实际行动告诉她们，该怎样面对人生的挫折。

让古丽感动的是，学员们的反应比她想象的更积极热情，不但做起了她的啦啦队、亲友团，还主动担任起了赛事的礼仪工作。

经过积极准备和训练，大赛那一天，古丽光彩照人地登上了舞台，在才艺展示环节，她带领学员们在聚光灯下翩翩起舞，赢得全场的掌声，最终夺得了冠军。

在宣布结果的那一刻，古丽看到学员们在鼓掌、欢呼，看到两个女儿兴奋地跳了起来，也看到了先生眼里闪动的光芒，她知道，她不仅赢得了这场比赛，也经受住了人生的这次考验；她的自信，她的幸福，都回来了！

古丽在环球夫人大赛上表演才艺

爱途春满行

一场比赛的胜利或许无法改变人生，但它带来的信心和感动却足以让人更勇敢地面对未来的风雨。

大赛过后，古丽的事业遇到了更严峻的考验——疫情暴发了，越来越严的封控措施让她们的教学活动难以为继，最后不得不关掉了会所。

古丽并没有因此而放弃。在疫情防控期间，她一方面专注于提升自我，跟着这个领域顶尖的老师们深入学习各项专业知识，拿下了一个又一个含金量极高的证书；另一方面也不断尝试通过微信、抖音、小红书等网络平台，将相关课程和科普工作搬到线上来进行。

2023年春节过后，她重整旗鼓，招聘专业团队，正式推出网络付费课程，很快就吸引了数以千计的付费会员，拿到了漂亮的盈利数据。2024年，她又开始进军私护产品领域，建立了一支直播运营团队，通过抖音、视频号等平台进行直播销售，把产品和课程完美结合，并扩容了平台的共同创业能力，建立了完善的自主共同创业模式，可以帮助数以亿计的宝妈进行自我提升和创富。古丽深信，在未来"中女时代"，她和她的团队一定能成为一道亮丽的风景线。

2023年，古丽还加入了中国人口文化促进会表达性艺术分会，担任副秘书长。这样一来，她在教学中就可以更好地为学员们服务了，如果学员想转型为心理疗愈师，平台也能协助她们进行培训和考证，从而极大地拓宽了学员们的自我提升之路。

更为可喜的是，这一年她还拿到了美国加州整合大学应用心理学硕士学位，这让她拥有了更多的信心和知识来完善课程，为学员们提供更专业的服务。

不过，因为关注的是私密领域，在鱼龙混杂的互联网上，古丽的课程也不可避免地遭到了质疑和误解，甚至是脏话连篇的攻击，但对她来说，这些都不足挂齿，因为她知道这份工作的价值所在。

毕竟哪个女人不希望拥有幸福长久的爱情和婚姻呢？但很多人并不知道，和谐的亲密关系才是这一切的基础，至于如何去建立和维护亲密关系，了解的人就更少了。由于种种原因，不少女性甚至对亲密关系的身心互动抱有排斥态度，殊不知这样一来，不仅让她们的婚姻爱情失去了坚实的基础，也关闭了自己对身体的感知，从而关闭了通往幸福的重要路径。

在这种情况下，让大家了解到亲密关系领域的相关知识和技巧，让有需要的人能发现问题、解决问题，当然是很有必要的事情。用古丽的话来说就是，"爱情和婚姻是有幸福方法论的"，而她所做的，就是让更多的女性朋友通过正确的方法，去获得长久的幸福。

因为让一个女人幸福，就是让一个家庭幸福；只有无数个幸福的家庭，才能构建起和谐的社会。这是古丽身为私密领域心理咨询师的使命所在，也是她作为一名环球夫人的社会价值所在。

她自己当然是幸福的。她和先生已携手走过25年，不久前，当别人问他们，结婚久了还能有激情吗？先生毫不犹豫地回答：当然有！

是的，他们的默契与甜蜜，依然如初恋，但这份甜蜜默契，也有过危机，走过弯路，最后才找到了正确的轨道。

那是一列奔赴幸福春天的列车，古丽希望能与更多的人携手同行。

嘉容

精彩生活 从"心"开始

东临碣石，以观沧海。

水何澹澹，山岛竦峙。

树木丛生，百草丰茂。

秋风萧瑟，洪波涌起。

日月之行，若出其中；

星汉灿烂，若出其里。

幸甚至哉，歌以咏志。

——（东汉）曹操《观沧海》

在曹操笔下，大海波澜壮阔、包罗万象，气象万千、变幻莫测。

在老子心中，"上善若水"：善下、善渊、善仁、善信、善治、善能、善时、善清、善胜。

在青岛的海浪和海风中长大的嘉容，就像大海一样包容百变，像水一样聪慧灵动。

百变俏佳人：
在各种角色中华美游走

慢品人间烟火气，氤氲世间女人香。

主持人、模特、领读人、国学文化导师……妈妈、女儿、妻子、儿媳妇……

在职场，嘉容主持过网通集团的各类晚会、海军司令部职工部四年春节晚会，做过美术馆副馆长……在每一个工作岗位，她都游刃有余成绩斐然。

后来，由于家庭原因，嘉容辞掉工作，开始把生活重心转移到家庭，但是，在相夫教子、照顾双方父母的同时，她并没有放弃学习和成长。她学习模特，并很快脱颖而出，受邀参与各大时装周走秀；她学习中医腹针、书法，最终走进了传统文化的浩瀚大海。她说，传统文化博大精深，自己受益匪浅。《易经》之精微、儒家之进取、道家之清净、法家之刑名、兵家之权谋、史家之明鉴、医家之养生、墨家之匠工、阳明之心学、鬼谷之雄辩……在学习传统文化的过程中，嘉容越来越理解，"上善若水，水善利万物而不争。处众人之所恶，故几于道"。水没有形状，却可以根据温度和容器，变成各种形状。水滋养万物，却永远往最低处流淌，百转千回也要奔向大海。

在青岛海边长大的嘉容，承载了水的智慧和水的格局。她要求自己，并且立志将水的智慧传播给更多家庭，她通过自己的努力，在修身齐家的同时，还成为一名非常优秀的国学文化导师，去传播传统文化。她就像水一样，百变灵动。人生就是这样，当我们做到了像水一样默默付出，滋润他人，不求回报时，我们反而能够收获所有人的喜爱和钦佩。

嘉容儿子的一篇关于"妈妈"的作文也准确完美地写出了她的光辉灿烂与岁月如歌。

"妈妈"是世界上最温暖的字眼，口中喊出"妈妈"心中就会滑过涓涓的暖流。我的妈妈是慈祥的，是耐心的，她的身边也会偶有"锅碗瓢盆"围绕，但是今天我要展现的是在我心中最与众不同的妈妈。

她是家中每一个人的超级英雄，更是我心中的大偶像。首先，我想说说她的职业转变。她曾经是每日出入于高楼大厦的金领、高管，但自从有了我这个小捣蛋鬼，她就毅然决然地辞去了那份亮丽且高薪的工作，选择成为全职妈妈。这个决定，在我看来，简直就是人生中最伟大的选择！

每天早上，当我还在被窝里赖床的时候，我妈就会像个活力满满的闹钟一样，温柔地叫我起床："宝贝，快醒醒，新的一天开始啦！戴上红领巾，背上书包，该去上学啦！"哈哈，她的这句话总能让我瞬间充满动力。

除了照顾我，我妈还特别关心奶奶。奶奶年纪大了，腿脚不太方便，但妈妈总是耐心地照顾她。每天烧水、泡脚、擦脚，这些看似简单的举动，却充满了妈妈对家人和奶奶的深深爱意。每当我看到这一幕，心里都暖暖的。

我的爸爸是个对工作非常认真的"工作狂"，印象中的爸爸经常加班到深夜才回家，但是令我印象更为深刻的是，无论多晚，妈妈总会坐在书桌前等他，帮他查资料、解决工作问题。

所以我说妈妈是家中每个人心中的超级英雄，也是爸爸的精神支柱。

当然，每天活力满满的妈妈是不会让自己辞职后的生活过得两点一线的，除了照顾我，妈妈还有很多其他的"副业"。首先，妈妈是她读书会的领读人，生活闲暇时她都认真备课，每次分享课都讲得生动有趣，让大家感到受益匪浅。她还是我们社区模特队的教练，带领着一群姐姐、阿姨练习形体，让她们既能拥有健康体态，也能在舞台上展现出最美的自己。此外，她还是一位优秀的主持人，主持过许多单位的年会和庆典活动。每次看到她站在台上，我都感到无比自豪。

最让我感动的是，妈妈还特别热心肠。在我读小学的时候，她担任了家委会的主席。每次学校开运动会或者组织春游活动，她总是第一个报名当义工。她不仅保护我们小朋友的安全，还总是提前认认真真为我的同学、朋友们准备可口的午餐和点心，我的同学们也都特别喜欢她，都亲切地称呼她为"大姐姐"。

妈妈是热心、自信、乐于奉献的典范。她会在日常的生活中用自己的行动证明什么是积极向上快乐生活的价值和意义。妈妈更让我明白了什么是责任、什么是担当、什么是爱。她不仅是我的妈妈，更是我人生路上的导师和榜样。我希望将来我也能像妈妈一样成为一个有担当、有追求的人，一个积极生活的人！这就是我崇拜的妈妈！

海纳百川，有容乃大：
智慧母亲的观念

无论是清泉还是污水，大海都敞开怀抱迎接，并且永远一碧万顷。嘉容对孩子教育的观念也是如此，她希望孩子像大海一样有博大胸怀，所以，她同儿子一起读万卷书，行万里路，去许许多多国家和城市，体验不同的风土人情，在旅途的过程中去感悟也去感受。

他们在塞纳河上看巴黎圣母院的雄伟，去罗马看斗兽场的恢宏，在澳大利亚看袋鼠和企鹅，在威尼斯的圣马可广场喂鸽子，去迪拜感受土豪之国的风土人情，看东京的富士山樱花盛开……

嘉容说："观世界才有世界观，培养出了儿子大气包容的性格和处事不惊的态度。"

同时，嘉容还会在旅途中给孩子准备许许多多古往今来发生在这片土地上的历史人文，希望孩子能以史为镜，用历史的长度看待眼前的得失，用生命的高度看待当下的生活，用宇宙的宽度看待所处的环境，不断帮助孩子构建宏大的格局。

嘉容和家人合影

漫品人间烟火气：
用美食文化赋能家庭教育

　　嘉容本身就是一个热爱美食的旅行者。从小就对世界各地的美食充满了好奇和向往。随着年龄的增长，她开始踏上寻找美食的旅程，希望能够品尝到世界各地的美食，并分享给大家。

　　嘉容的美食之旅从中国的四川开始。四川以其麻辣火锅而闻名于世，当她第一次品尝到那种香辣的味道时，就完完全全被征服了。从那时起，嘉容就深深地爱上了四川的美食文化，并开始尝试学习制作各种川菜。

　　接下来，嘉容来到了意大利。在这里，她品尝到了正宗的比萨和意大利面。比萨的奶酪和香肠的香气让她陶醉其中，而意大利面的细腻口感和浓郁的番茄酱味道也让她难以忘怀。这次旅行让嘉容对意大利的美食文化有了更深入的了解，也让她更加热爱烹饪。

　　之后，嘉容又去了法国。在这里，她品尝到了各种美味的法式大餐，这些美食的精致和美味让她惊叹不已，也让她对法国的饮食文化产生了浓厚的兴趣。

　　除了这些国家以外，嘉容还去过日本、泰国、阿联酋、韩国等国家，品尝了当地的美食。每一次旅行，都让她对世界各地的美食文化有了更深刻的认识和了解。

　　现在，嘉容已经成为一名美食博主，通过她的博客和社交媒体账号分享她的美食之旅和烹饪经验。而当嘉容开始学习传统文化，传播传统文化，致力于用文化赋能更多家庭时，她发现，美食文化与家庭教育以及家庭文化重塑有着千丝万缕、

密不可分的关系。比如，一人一半是"伴"，一人两口是"侣"，伴侣就是有好吃的一人一半，有我一口就有你一口。为你做饭，陪你吃饭，或许是中国人最为深情且长情的告白。所以苏轼说："西崦人家应最乐，煮芹烧笋饷春耕。"

美食，是人最深的乡愁。一个人长大后，总有些滋味，只能停留在回忆里。无论去过多少地方，吃过多少珍馐佳肴，你最怀念的，还是妈妈做的家常菜。因为，时光将味道烙在了我们的味蕾上，随生而生，永不磨灭。所以陆游说："鲈肥菰脆调羹美，荞熟油新作饼香。自古达人轻富贵，例缘乡味忆还乡。"

药食同源，医易同源。美食与健康息息相关，所以《易经》告诉我们：春夏长夏连秋冬，春养肝、夏养心，长夏补脾养精神，秋润肺、冬滋肾，金水相生养元根。

因此，嘉容开始将美食与传统文化相结合，在各个微信社群分享各地美食文化。

她希望能够让更多的人了解世界各地的美食文化，也希望能够激发更多人对美食的热爱和追求。

嘉容还与药膳协会的专家一起研究二十四节气养生药膳，举办高品质的药膳沙龙，设计五行养生餐，希望能够帮助大家吃得健康，真正达到《黄帝内经》所说的"上工治未病，不治已病，此之谓也""食饮有节，全面配伍"这样完美的状态。同时，食材本身也具备很多特性，《礼记·大学》有云："致知在格物，物格而后知至。"所以嘉容老师在药膳沙龙中，融入了食材本身的特性，带领大家格物致知，受到启发。记得有一次沙龙，选择的食材是艾草，嘉容老师就给大家分享了艾草的特点：无论身在何处，总是能第一时间感知到光源、水和空气，然后百折不挠地朝着阳光、空气和雨露生长。所以我们每个人也一样，要像艾草，永远积极，方向明确。参加沙龙的朋友们都觉得特别受益。

三人行必有我师：
和夫人们一起环球

　　参加环球夫人大赛，是嘉容人生路上的又一次破框。虽然早就适应了大大小小的舞台，但是夫人们的舞台是不一样的。夫人们来自五湖四海，各行各业，有着不同的成长经历，又有着共同的努力与谦虚、友爱与包容。在环球夫人这个大家庭，嘉容看到太多太多优秀的夫人，依然不断挑战自我，希望共同打造一个完美的舞台。也因为环球夫人，嘉容了解到了很多自己之前没有接触过的行业，看到了不同的生活方式，这些给了她很大触动，真正明白了何谓"三人行必有我师"。良师益友、亦师亦友的圈子，是最为宝贵的财富，希望每个人都能找到它、融入它、呵护它、助力它，在互利中共赢。

　　"上善若水，水善利万物而不争。处众人之所恶，故几于道。居善地，心善渊，与善仁，言善信，政善治，事善能，动善时。夫唯不争，故无尤。""天下莫柔弱于水，而攻坚强者莫之能胜。"女人如水，愿每位夫人，善下、善渊、善仁、善信、善治、善能、善时、善清、善胜。

谭贤兰
生活艺术家

一下雪，南京就变回了金陵。

南朝诗人谢朓说："江南佳丽地，金陵帝王州。"

南京这样一个地方，总让人想起六朝金粉、秦淮烟柳，玄武湖、栖霞山，想起山水之间钟灵毓秀的女子，所以创作在北地的《红楼梦》，偏要生出"金陵十二钗"的奇笔，是曹公有意让世人见识金陵女子。

谭贤兰就是南京的女孩子，有着金陵天然的清透灵秀，那种在多少人中，都会被一眼看到的特殊气质，就像她的名字一样，自带空谷幽兰的氛围感。用她自己的话来说就是："那可能因为，我是一个生活艺术家吧。"

让艺术嵌入生活，把生活变成艺术，就是她的魔法。

艺梦江南，梦启北京

在谭贤兰的记忆里，艺术本来就是生活的一部分，它是江南秀丽的山峰，是房前屋后蜿蜒的流水，是三月里的翠竹青青，也是老家的黛瓦白墙，是堂屋里亘古不变的八仙桌，是八仙桌上古旧的国画。

贤兰小时候，在蹒跚学步还没有八仙桌高时，就已经仰着头看那里挂着的国画，国画里嶙峋的山、奇秀的石，山间也许有鹿回眸，梢头也许有鸟鸣叫……这一切都吸引着小小的她。

小时候的贤兰总爱看这些东西，圆圆的眼睛里透着好奇。

在她看来，这些东西是古旧的，旧得也不知道年头，不新了，但是美。你要问它美在哪里，年幼的贤兰也说不上来，那也许是一种氛围，看不见也摸不着，但是有灵性的孩子就是能感受到。

到稍微长大一点，贤兰也会留意到国画旁边的挂联，挂联上写过些什么，现在已经记不起来了，但是总记得那些渐渐变旧的墨色，在不同的天光里，墨色透出来的，是风骨，也是一种美。

那些美，那些说不清也道不明的氛围，就这样镌刻在时光里，在小小的贤兰心里，一重一重，一层一层，垒作她的童年。

爷爷是老派的人，读过私塾，写得一手好字，也会算术。爷爷喜欢书法和收藏字画，在那个年代很多人吃不上饭，由于爷爷读过私塾，认识很多字，家庭还算比较富裕。爷爷帮助过很多人，会用家里的粮食去换林散之先生的书法和字画，用来收藏。

童年的时光总是缓慢而悠长，天光慢慢从门口溜过，孩子慢慢长大，那个时代的父母都希望孩子长大后做医生或者老师，就在家乡，安安稳稳地过日子，但是孩子总想生出翅膀，飞到外头去，看看外面的世界。

贤兰就飞到了北京。

艺途相伴，岁月含情

贤兰学的是酒店管理专业，第一份工作是江苏省驻京办事处。

人来车往的酒店永远不会缺少艺术的渲染，让贤兰留意的，有时候是餐具，有时候是插花，任何东西放在合适的位置上，都能在瞬间化腐朽为神奇，生出别样动人的气质，这是贤兰在这里学到的。

这份工作很好，待遇优厚，同事友善，但是人在太年轻的时候，总止不住会向往门外的热闹。

贤兰结束了第一份工作之后，在中央美术学院旁边租了个房子。

你要问她为什么选择在这里租房，她也说不上来，就好像她小时候说不上来国画美在哪里、书法美在哪里一样，但那就仿佛是一个理所当然的选择，她理所当然想要距离美、距离艺术近一点，再近一点。

那时候新世纪的钟声还没有响起，北京还带着 20 世纪的淳朴，草坪上永远有年轻的美院学生支着画架，有时候是素描，有时候是油画，也有情侣从旁边经过，金色的阳光拉成狭长。

那时候的贤兰每天经过那里，心里就只有一个念头：真好！也不知道是年轻真好，还是艺术真好。或者是住在这里真好。周围都是年轻的学生，学各种各样的艺术，比如对门那个留长头发的年轻人，贤兰经常能看到他坐在那里，画了一半，阳光从窗外进来，金灿灿的。她远远看着。

那时候的年轻人要认识特别容易，交换过眼神，交换过笑容，打过招呼，报过名字，就是朋友了。

像贤兰这样的女孩子是从来不缺乏追求者的，贤兰后来想起来，当时是有几个男孩子明里暗里送东西，献殷勤，不知道为什么，都没有感觉，而对门那个总在画画的男孩子一开口，她就点了头。

她也不知道和他坐在那里画画的时候，身上被阳光镶上的金边有没有关系，但那仿佛就是水到渠成的一件事。

两情相悦，要什么理由？

恋爱，谈了八年。

起初是手牵手一起吃饭，她看他画画；然后是手牵手一起去看展，国家博物馆、美术馆、798艺术区，一待就是一整天，秦砖、汉瓦、元青花、奈良美智、草间弥生、毕加索、印象派、野兽派、先锋艺术……

时光从指尖流过，都脉脉含情。

谭贤兰和儿子

艺术筑梦，设计筑家

有人说，有情饮水饱，但是说归说，人毕竟是要吃饭的。现实世界里，纯艺术很难养活自己，更别说养活一个家庭了。所以在 2007 年，当家里开始催促结婚的时候，这对小情侣势必要面对现实。

贤兰记得最初丈夫供职于广告公司，他学的是美术，会画、会说，文笔也不错，工作很快就进入正轨。

那正是广告业蓬勃发展的年代，美剧《广告狂人》就在这年开拍，在年轻人里相当流行。开始做的是广告设计，慢慢接触策展，然后拓展到室内设计，顺理成章地，就和开发商有了接触。

她也不记得丈夫是什么时候起了念头要自主创业，可能也是个水到渠成的事，没有人想做永远的打工人。他决定，她支持，他们有了合伙人，注册了 IAID（北京无限建筑设计机构）公司，就开始接单。

谭贤兰（右一）在环球夫人大赛中展示画作

那是个建筑、室内、软装一体化的设计公司，因为出众的设计和审美品位，那时候又是中国房地产行业的巅峰期，一开始就很受客户欢迎，订单多得忙不过来。

到 2016 年，贤兰又和丈夫组建了大观天地规划设计院（北京）有限公司，对于这个专属于他们的公司，贤兰更是付出了百分之百的心力。

新的公司，就是新的征程。有别于一般意义上的建筑和室内建筑机构，他们的新公司具有独特的整合设计服务优势，工作版图横跨战略咨询、文旅规划、建筑设计、室内空间、产品研发等各个领域。

在长期的设计实践中，贤兰与丈夫共同提炼总结出"先策划，后设计"的独特方法论，力倡"无界"设计，致力于消融环境艺术的行业边界，为项目的高度一体化探究整合解决之道。他们率先将各自为政的环境艺术关联事务强力整合在一起，为客户提供从项目前期的战略策划、品牌定位，到中期的城市规划、建筑设计、室内装饰、照明设计、家具配饰、艺术创作，直至后期的平面视觉、行销推广有机整合；全程服务、深度介入、完整交付，为注重品牌价值、考究生活品质、关切生命含蕴的高端客户提供全方位、多视角、深层次的个性化设计服务。

而贤兰最擅长的则是融合，她喜欢汲取欧洲的文艺复兴精神和中国古典士大夫的风雅，并将这些经典的艺术风范和当代生活方式结合在一起。运用这样的理念，公司团队与她一起参与了一系列设计案例，例如北京的远洋 LAVIE 别墅、南京的桃花园著样板房、呼和浩特的曙光文创大厦和锦华庄园……她与生俱来的灵秀和多年积累的经验品位，就这样悄然融入了一个又一个项目，成就了一个又一个经典。

均好人生，美学漫步

在事业一路狂奔的时候，贤兰遇到了也许每个职场女性都要面对的人生课题。

她曾以为，她的家庭和事业是相辅相成的，她可以做到平衡。但是当两个孩子出生，她的工作节奏还是被打乱了。两个宝贝无疑是生命最美好的馈赠，但是事业怎么办？

贤兰想过要兼顾。在家庭和事业之间，在孩子和工作之间，她试过，努力过，但是长辈和保姆始终无法取代妈妈，而超负荷的工作使得身体敲响了警钟：不能再这么下去了，她必须做出取舍。

在和家人反复争论和沟通之后，贤兰试图用一种新的视角来审视人生：在职场女性和全职妈妈之间，她是不是还有别的选择？在个人事业和家庭幸福之间，她必须顾此失彼吗？

世俗定义的"成功"真的成功吗？

成功比快乐的人生重要吗？

贤兰想起美学家宗白华先生的著作《美学散步》，他说散步是一种没有明确目的的行为，它可以放松心态，在散步的自由和偶然中，发现各种未经预设的美好，所以这种散步，也可以被称为"美学散步"。

美学散步？这让贤兰眼前忽然开阔了，她想起了很多很多年以前，她还小的时候，徜徉在家乡金陵的山清水秀之间，跟着爷爷散步、写字的那些时光，她想，也许人生并不一定只有一条路，更不一定需要匆匆忙忙。她可以赶路，也可以散步，可以停下来欣赏风景，就像当初那样。

因此，她决定放缓脚步，停下来享受家庭的温暖、亲人的陪伴，感受身体的健康与孩子的成长，她决定要生活的质量，而不再一味追求成功，她决定要拈花微笑，追求生活的"均好性"。

她也这么做了。

生活突然就从一条路变成一片平原。

贤兰带孩子去看展，像她和丈夫年轻时那样，去国家博物馆、美术馆、798艺术区，看秦砖、汉瓦、元青花，看毕加索、莫奈、奈良美智、草间弥生，去重逢那些阔别已久、纯粹又美好的艺术。

在孩子们的鼓励下，她的人生甚至开拓出了一个个新的领域，譬如参加环球夫人大赛。

贤兰的天性是沉静的，是内敛的，如果不是孩子们心心念念想看她穿礼服的样子，她根本就不会想到要去参加选美。但当她真的鼓足勇气走出这一步之后，贤兰发现，站上舞台展示自己，好像也不是那么困难，更别说还能结识那么多美好的女性，留下那么多美好的回忆。

她清楚地记得，决赛的那一晚，她展示的才艺是绘画，她在舞台上现场绘制了一幅秀雅的荷花图——看着她挥洒自如的样子，在台下鼓掌的观众们或许很难想象她是个初学者。

绘画创作，同样是她当了妈妈之后，和孩子们一起开拓出来的新领域。

艺润生活，美启未来

也许是因为遗传，或者是环境的熏陶，贤兰的两个孩子从会拿笔开始就爱上了画画。看着孩子们稚嫩的画笔、稚嫩的笑容，美好得不像是真的，贤兰却忽然冒出一个念头："他们都能画，我为什么不能？"

一切就这样开始了，她给每个孩子画了一幅自画像作为生日礼物，把家里的整面墙画成动物王国插画。

最早的时候，是她的对门住了一个爱画画的长发青年，然后有了两个爱画画的孩子，直到有一天，她拿起了画笔。

她跟着孩子一起上课，孩子画什么，她也画什么，然后，她进展快了，写实油画、工笔国画、故事绘本，她把所有看到的、想到的，都付诸笔端，这种感觉有多美妙呢，贤兰甚至形容不出来，她想起小时候，扶着八仙桌蹒跚学步的时候，仰头看见的国画山水。

那也许是一切的源头。

画画让她快乐。她并不追求成为一个职业艺术家，但是艺术能把一个粗糙的人变成一个细腻的人，把一个"将就"的人变成一个"讲究"的人，把一个屈服于眼前苟且的人，变成一个心怀"诗和远方"的人。

美无处不在，艺术无处不在，从节日的仪式、居家的空间、服装的品位、菜肴的品相、品茗的茶席、旅行的拍摄……生活中的一切，贤兰能感觉到，艺术把她前半生所有的经历都打通了。

如果没有这些，没有艺术，没有美，那生活该有多么枯燥乏味？

贤兰并不觉得自己是高居庙堂的艺术家，如果一定要定义，那也许是生活艺术家。

在生活中传播艺术，在艺术中享受生活，贤兰觉得这才是生活应该有的态度，领悟到这个道理之后，贤兰就想要和大家一起分享，因此和丈夫筹建了"涵舍生活美学馆"，这是一个集花艺、茶道、烘焙于一体的美学空间，其中一桌一椅、一杯一盏、一花一草、一衣一帽，无不承载着她的美学理念和生活理念。

快乐如此简单，值得每个人拥有；艺术如此美妙，值得大家一起来享受。这就是她的人生，她的目标。

谭贤兰和儿子

谭贤兰丈夫和儿子

戈婷婷

幸福的秘诀是热爱

有人说，人生最大的幸福，是能做自己热爱的事。

按照这个标准，戈婷婷的人生无疑是"幸福plus"，因为她不但一直做着自己热爱的事，而且几乎把每一分热爱都做成了事业。

她喜欢当主持，就拿到了全国主持人大赛的总冠军；她喜欢做美容，就当上了医美集团的合伙人。而在她最喜欢的美食领域，她推出的牛肉干更是早已登陆央视，出口海外，是呼伦贝尔大草原上响当当的金字招牌……

为什么她能把每一件喜欢的事都做得这么成功？戈婷婷觉得，自己并没有什么秘诀，对于喜欢做的事情，她不过是一以贯之地真心热爱，全力投入，并且乐在其中。

爱家舍梦亦荣

　　戈婷婷出生于海河之畔，有着天津姑娘特有的大气，美就要美得明艳张扬，爱就要爱得热烈奔放。

　　从小她就有很多很多的热爱，比如爱美食、爱华服、爱旅游、爱摄影，等等，她还特别喜欢文艺表演——这份热爱源自她的家庭。

　　婷婷的父母都是文艺爱好者，父亲尤其多才多艺，脑子还特别灵，影视剧里的印度歌曲，他只要听上三遍，就能把词曲完整地背下来。

　　继承了这样的基因，婷婷很早就表现出了出众的文艺天赋。小学三年级的时候，她就是学校广播站的播音员了，还是合唱团的小主力。也是从那时开始，她不断参加各种文艺比赛——唱歌、演讲、作文、画画、脱口秀……各种奖杯拿到手软，包括全国大学生艺术节的金奖。

　　在各种文艺活动中，她最喜欢也最拿手的，是做主持。从小学起，她就主持学校的各种活动，在大学毕业之前，她已经成长为了一名出色的职业主持人。

　　那时的她有着过目不忘的好记性，无论多复杂的台本都能迅速掌握，各种文艺表演形式也是信手拈来，还能用流利的英语进行双语主持，是名副其实的全能型选手。没用多长时间，她就在天津演艺界站稳了脚跟，每年都要主持无数大型商业活动，比如一年一度的天津啤酒节。

　　随着时间的推移，她在主持上越来越得心应手，但要走上更大的舞台，还需要时机。到了2013年，她终于等到了这个机会——包括四大直辖市在内的六地电视台联合举办了一次声势浩大的全国主持人大赛，而她凭借出色的个人素质和丰富的主持经验，一路过关斩将，最终拿到了大赛的总冠军。

她梦寐以求的平台就此向她敞开了大门，业内知名的经纪公司和电视台纷纷表达了合作的意向，她的主持生涯即将踏上一个新台阶，她长久以来的梦想就要实现！然而就在这个时候，意外不期而至：婷婷发现，她怀孕了。

那一年，她30岁，要想在主持人这条路上走下去，这是她最好的，也是最后的机会……不过在反复衡量之后，婷婷最终还是放弃了这宝贵的机遇，也暂时放下了所有的舞台表演，她要先做好一个母亲，全心全意迎接这个小生命。

遗憾吗？当然。

她热爱主持事业，热爱在舞台上发光的感觉，却不得不与之告别。

后悔吗？从未。

因为所有的热爱之上，她最爱的，还是她的家人，她的家。

爱可跨越山海

作为天津人，婷婷对家的热爱是刻在骨子里的。就是因为恋家，她读的是天津的大学，选的是父母喜欢的专业，还放弃了留学的机会。

她当然也会幻想未来的小家会是什么样子，家里的另一半会是什么样子——应该会像她的男神 Rain 那样高大健硕，成熟优雅，有着迷人的单眼皮小眼睛吧？

母亲对此倒也没有什么意见，她对未来的女婿只有两个要求：不能比女儿小，不能是外地人。

婷婷当然满口答应，只是当她真的遇到后来的先生时，才发现这个人不但不符合自己的所有想象，还精准地踏中了母亲的全部"雷点"：不仅年纪比她小，家乡离天津特别远，还是个地地道道的蒙古族汉子！

这个有着深邃双眼、少年气十足的帅哥是个歌手，和婷婷签约了同一家公司，时不时有些合作。有一次婷婷发现他有困难，顺手帮了一把，没想到很快就被他表白了——原来他早就对婷婷一见倾心，只是慑于她的气场不敢造次，而这次的事让他感受到婷婷冷艳外表下的温暖善良，他再也压抑不住心动，认定这辈子就是婷婷了！

在他热烈的追求下，婷婷也渐渐放弃了以前的标准，有什么办法呢？当爱情真正来临的时候，所有的外在条件其实都不重要了。

她向来敢爱敢认，尽管知道男友不符合父母的期待，但还是把他带回了家。母亲果然忍不住嘀咕：别的也就算了，他年纪这么小，会疼人吗？会做家务吗？男友急得憋出了一句："以后家里的碗我都包了！"说完就吭哧吭哧地洗起了碗……

他的真诚打动了婷婷的父母，在双方家长的祝福中，两人组成了一个幸福的小家。

婚后的他不但包揽了家里所有的碗，也包揽了婷婷身边所有的活计，在家他是保姆、厨师，出外他是司机、保镖、助理、伴唱，等等。有一次婷婷出外主持活动，半夜起来的时候，发现屋里亮着一盏小灯，她的"田螺先生"竟然化身绣娘，正在灯下一针一线地为她缝补着明天要穿的礼服……

这样的他，当然会无条件地支持婷婷的一切决定，就算婷婷不要孩子先拼事业，也绝不会有半点怨言，但正因为深知这一点，婷婷又怎能忍心拿掉他们爱情的结晶？

她知道，在人生中，有时总要做出取舍；她也相信，就算她现在停止所有的演出工作，未来也一定能找到更适合她的舞台！

她没有想到的是，这一天，来得比她预料的要早得多。

戈婷婷和家人

热爱开启多彩人生

　　婷婷是个闲不住的人，宝宝的到来给了她无限幸福，也让坚持哺乳的她很长一段时间都没法出门。婆婆和先生分担了照顾宝宝的任务，不忙的时候她就会想：待在家里还能做点什么呢？她想到了当时刚刚兴起的直播，她可以用这种方式来跟大家分享她的生活！

　　说做就做，几次直播后，她又发现，美食的内容似乎比别的更受欢迎。正好这也是她的最爱，于是她干脆做起了吃播。结果反响热烈，第一次直播期间，粉丝就从两千涨到了五万。

　　她选择的美食，她对美食的热爱，有着强大的吸引力和感染力。尤其是一款公公亲手为婷婷制作的牛肉干，让很多人"隔着屏幕都闻到了香味"；看着她吃得津津有味的样子，视频下面一片"馋哭了""怎么买"的呼声。

　　婷婷敏锐地意识到，这是一个商机。那是 2014 年，当时直播带货的商业模式还远未成熟，也很少有人去尝试，但行动力超强的她还是立刻动员全家参与。三天之后，在她先生的家乡呼伦贝尔，一家设备齐全的作坊拔地而起。

戈婷婷和丈夫、儿子参加电视节目

这样的快速反应让他们轻松地打开了市场，牛肉干在直播平台上果然大受欢迎。一个月之后，他们就收回了成本；半年后，作坊扩建成了一家占地8000平方米、符合最严格的SC标准的现代化工厂。

　　虽然从手工作业转向了工业流水线，他们依然只用当天宰杀的本地牛肉，而且只选最适合做肉干的那几公斤，加工过程也依然严格按照传统工序，不用任何添加剂，以保证制作出来的牛肉干和以前一样健康美味。如今，他们的牛肉干已经是呼伦贝尔的免检产品，登上过央视节目和新华社新闻，是无数粉丝心中的最爱。

　　这样的成果足以让婷婷无比自豪，但她的舞台远不止于此。

　　随着孩子日渐长大，她的生活也渐渐恢复了以往的丰富多彩。

　　她经常出门旅游，然后在直播间里展示她的旅程，分享她的感受，就像当初她最羡慕的《正大综艺》外景地主持人一样；她投资了天津知名的医美集团，还担任了集团的讲师，美从她的追求变成她的事业；在先生的鼓励下，她以歌手的身份回归舞台，多次亮相于央视和各大卫视的节目之中，并夺得了东方卫视热门综艺《妈妈咪呀》的季度冠军；因为她和先生的故事和表演都太过精彩，后来她还当上了央视的客座嘉宾，而她带去演播厅的牛肉干也借此登上了央视的荧幕，俘获了现场所有主持人的胃……

　　2021年，她又参加了环球夫人大赛，拿下了那一年的全国总决赛亚军。

戈婷婷和丈夫、儿子参加电视节目

梦启环球夫人

婷婷和环球夫人的缘分，源自一个奇妙的梦。

一天中午，她梦见自己站在舞台中央，被人授予了皇冠，而她的宝宝则在台下开心地鼓掌。梦醒之后，她意识到，自己还从来没有参加过类似的选美比赛，或许是时候尝试一下了。

婷婷向来是有梦想立刻得实现，于是她拿起手机直接搜索"选美"，搜到的第一条资讯就是环球夫人大赛刚刚在天津的恒隆广场召开了记者发布会，宣布启动今年的赛事。她当即找到主办方的联系电话，搞定了报名参赛的各项事宜——这时，距离她起床也不过半个小时而已。

不过，当比赛真正拉开序幕，婷婷才发现，环球夫人大赛和她想象的似乎不大一样。

赛事比她预料中的更为辛苦，即使对她这样富有舞台经验的人来说，穿着十几厘米的高跟鞋进行训练和表演，依然是极具难度的挑战。

赛事也比她想象中的更为成熟和包容。之前她从未想过，通过一场选美能认识这么多来自不同地方、不同行业的优秀女性；在比赛中，大家并没有钩心斗角，反而是互相学习、互相帮助；每当有人遇到困难，大家都会齐心协力帮她解决问题，共同呈现出一场场完美的表演……与其说这是一个展示自我的舞台，不如说这是一个学习的平台、合作的平台。

而最令婷婷感动的，还是赛事对家庭的重视，对社会的回馈。

婷婷自己最看重的就是家庭，她之所以参加选美，一个重要原因就是想让家人看到自己最美的形象，想让孩子露出自豪的笑脸——就像梦里那样。环球夫人大赛不仅满足了她的这个愿望，还提供了全家走秀的机会，让他们全家一起登上舞台，留下了一段难忘的回忆。

除重视家庭和谐之外，赛事更重要的主旨是慈善和公益。无论是选手评比的标准，还是赛前赛后组织的活动和比赛中的节目安排，都能看到大赛承担责任、奉献爱心的宗旨。有时比赛本身就是公益，譬如2022年，环球夫人将决赛地点选在了小城巫山，通过比赛让更多的人看到了这里的美丽风光，从而极大地推动了当地旅游业的发展……

在这样的舞台上，走到最后的人不仅要有美丽的外表，更要有心中的大爱。因此，当婷婷在全国总决赛中戴上亚军的皇冠时，她深深地知道，这顶闪闪发光的皇冠不仅代表着美，更代表着爱与善。

戈婷婷参加环球夫人大赛表演现场

爱筑时光不老

如今，距离那次决赛已经过去三年多了，婷婷没有辜负她戴上的皇冠。

她一直热心于公益事业。除了日常捐助的各项基金之外，她最关注的还是困境中的孩子们，曾亲自去吉林慰问留守儿童，并给当地的儿童之家捐助了资金和物资，帮他们修理桌椅，整修教室；作为音乐人，她也会和先生一道参加各种慈善义演，为公益协会创作歌曲。

她的事业依然在稳步发展：她投资的医美集团经受住了疫情的考验，目前门店已开到两位数；她推出的牛肉干依然热销，创下过单平台一小时销售超过 2000 斤的纪录；她在呼伦贝尔的工厂拉动了当地畜牧业的生产加工，目前还在不断开发推广新品种……

戈婷婷参加活动现场照

然而不管工作多么繁忙，婷婷始终知道，家庭才是最重要的。

她依然记得自己和先生家族里每个亲人的生日，记得长辈们的每一个纪念日，还会为他们精心准备礼物；不久前，她就带着婆婆拍了摩托女郎和古代宫廷的写真，让婆婆圆了一个少女梦……她知道，只有以心换心，才能让家里永远充满爱和欢笑。

在这样的家庭里成长，她的儿子如今已是一个出色的小演员，出演了不少影视剧；不过更让人惊叹的是他的社交能力——在幼儿园中深得老师的喜爱，是老师在班级中最得力的小助手；在参演的电视剧中深得导演的喜爱，还是剧组中演员们的小开心果，常常逗大家乐得合不拢嘴。

看到孩子成长得如此迅速，会不会让婷婷感受到光阴易逝、年华老去？

婷婷的答案是：绝对不会！

因为她根本就没有时间去伤春悲秋，她有太多太多的事要做——她要享受美食，几乎每天都要打卡一家餐厅；她要去旅游，要去摄影，这不，她刚刚在海边拍了一套美人鱼写真，用蓝色的海洋和粉红的鱼尾营造出了她想要的浪漫；她要开派对，她的派对永远有不同的主题和色调，这样才能永远有惊喜；她还要办演唱会，做一个真正的摇滚辣妈……如果有机会，她还想让妈妈和婆婆也参加环球夫人大赛！

因为她知道，不管什么年纪都能追求梦想，都能美丽绽放！

就像心里有热爱的她，永远是少女。

高郡瞳

律政佳人　诗意人生

　　在工作领域，她是冷静专业的精英律师，是睿智缜密的财富管理法律专家，是律政剧里英姿飒爽的大女主。

　　回到日常生活，她是满怀浪漫柔情的妻子和母亲，是体贴入微的朋友，是徜徉于琴棋书画的优雅佳人。

　　高郡瞳经常觉得，她的人生就像一把折扇，有着截然不同的两面，一面是雷厉风行的工作，一面是诗情画意的生活。

　　但在朋友们的眼里，她更像一颗钻石，拥有无数个侧面，每一面都熠熠生辉。

红色底蕴，法途上的坚守者

不管有多少个侧面，郡瞳的人生底色都是正宗的红。

她出身于军人世家，军人精忠报国、勇于奉献的情怀，吃苦耐劳、勇往直前的精神，深深教育和影响着她。

在部队大院里长大，又是大家族里唯一的女孩，这样的成长经历给郡瞳留下的最深的印记是坚强、奉献和平等待人。

坚强是因为长辈们虽然给了她丰沛的爱，却从不娇纵她。长期从事军校教育训练工作的父亲，对她要求尤其严格，不许她娇气，不许她软弱，不许她总掉眼泪。

奉献和平等待人则是因为他们的言传身教：郡瞳的姥爷是将军，从抗日战争到解放战争再到抗美援朝，可以说是功勋卓著！但姥爷却从不摆架子，平易近人，对工作尽心尽力，对战士们也特别关心。她的母亲是军队干休所门诊部主任，日常工作琐碎繁重，她却能报以无限耐心和爱心，因工作表现突出，荣获"全军优秀保健工作者"称号，对所有保障对象一视同仁，想尽办法帮他们排忧解难……

这种温柔而坚定的力量深深地影响了郡瞳。当长大后决定事业方向时，她毫

不犹豫地选择了最喜欢的法律。她清楚地知道，这是家族里无人涉足的领域，选择它就意味着要离开长辈的庇佑，要靠自己去闯出一条路来，而这条路将是漫长的，需要等，需要熬……但那又怎样呢？在这条追求正义和价值的道路上，她有足够的信心、耐心与决心。

郡瞳对事业的耐心来自她所秉持的长期主义。

这并不是件容易的事。英国作家王尔德曾经说过，"除了诱惑，我什么都能抵挡"，而一个长期主义者，首先要抵挡得住各种诱惑——在郡瞳的职业生涯中，就不止一次地面临过这样的考验。

2009年，经过无数个日夜的奋斗，郡瞳通过了司法考试，这项考试以其难度和重要性而成为"天下第一考"。之后，她在世界五百强的关联企业里担任法务兼投资经理工作。因为能力出众、做事踏实，公司总裁和人力资源想将她提拔为总裁助理。这显然是一个比法务更亮眼的职位，薪酬翻番，前景光明，但考虑到自己在专业上的发展，郡瞳还是坚定地拒绝了。

公司尊重她的意见，之后又提出了新的建议：希望她能担任投资部部长。这个位置也十分重要，薪酬更高，也有一定的专业发展，郡瞳却依然谢绝了。因为比起职位和薪酬来，她更看重自己选择的法律职业发展道路，也希望继续在这条她选定的道路上走得更稳、更远。

当然，要想走得更远，仅仅能抗拒诱惑是不够的，有时也需要大胆的冒险。

郡瞳在从事数年法务工作后，积累了丰富的处理企业非诉讼法律事务及商事谈判的经验。但在职业规划上，30岁的她决定向诉讼律师发起挑战，决定去律师事务所做一名执业律师。这意味着很多之前的业务积累和思维方式需要从头再来，之前的经验也需要修正和调整，并且需要重新进行执业律师实习和面试。对于年近而立的她来说，这当然是一种冒险，然而她还是毫不犹豫地选择了这条道路，她说人生总是充满挑战，只有突破自我、挑战自我，才能遇到更好的自己！郡瞳终于通过了所有考验，顺利拿到了律师执业证。

在10余年的执业过程中，她明确了自己的专业领域方向：深耕"企业＋家"（财富管理）相关的法律业务。随着中国经济的不断发展，高净值客户在财富管理领域的需求不断增长。基于过往专业背景和从企业中来的管理思维，郡瞳利用自己的优势深耕这一领域。财富管理领域是律师行业较新的领域，新领域意味着机会，因为拥有无限可能，同时也意味着风险和挑战。

如今，4年过去了，郡瞳已经成为律师事务所的高级合伙人，在处理重大民商事案件中经验丰富，并成为资深财富管理及高端婚姻家事律师。并于2019年，在法律出版社出版书籍《财富传承案例与实务操作》，是多家私人银行、信托公司、保险公司法律顾问和特聘专家讲师，也成为业内认可的专家。

回顾这几年的经历，郡瞳深深地觉得，自己选对了方向。

每个家族的财富管理都有其独特性，服务过程中需要具备一定的智慧，既要满足功能性需求，也要满足家族成员的情感需求。用专业的力量，柔性地处理复杂问题，为客户提供全面、系统的法律服务是郡瞳的优势与特点。财富管理本身就是一项复杂性的工作，需要深入了解客户需求，从税务统筹、资产配置，乃至身份规划等各个方面为他们量身打造最优方案，很多项目会持续几年甚至十几年。只有守得住初心，熬得住岁月的人，才能在这片领域循序渐进地扎下根基，进而开拓出一片属于自己的天地。

路，是自己走出来的；机会是自己创造出来的。一步一个脚印地走在正确的道路上，她的成功才刚刚开始。

"非典型"幸福是更幸福

尽管在工作中十年如一日地坚持长期主义，坚持正道直行，郡瞳在生活里更强调的是珍惜当下，更喜欢的是不走寻常路。

她的婚姻就是那种"非典型"的幸福婚姻。

郡瞳的先生也是部队子弟，他们还是同学，可谓青梅竹马，门当户对。只是两人在一起之后，郡瞳选择了到外面打拼，为了更好地照顾家人，先生选择了从部队转业进入事业单位，成了家中稳定的大后方，全力支持郡瞳奋斗事业。

这种家庭模式或许不是那么符合传统，却让郡瞳与先生倍感幸福，也倍感幸运。

她转职做律师时已是两个孩子的母亲，工作又远比想象的忙碌辛苦，之所以能心无旁骛地投入事业、参加培训、安心出差，就是因为身后有一个支持她的大家庭。无论是先生、孩子，还是父母和公公婆婆，都理解她的工作需要，愿意为她分担，并给她全力的支持。

尤其是先生，这么多年来，他全力支持郡瞳的一切决定，当郡瞳处于低谷的时候，他会给予温暖的陪伴，在她工作繁忙的时候，则会提供有力的支撑——他可以一个人照顾好整个家庭，带好两个孩子，让郡瞳没有任何后顾之忧，确实是不可多得的"宝藏爸爸"。

先生还是一个特别细腻的人。两人结婚十周年时，他用了整整一个月的时间，亲手用丝线一点点地缠绕出了一幅郡瞳的肖像……这样深情蕴藉的心意，给予郡瞳的滋养和感动，远远超过世上的任何珠宝！

郡瞳还是一个"非典型"的海淀妈妈，她有一儿一女凑成了一个"好"字。

尽管两个孩子都是在教育重镇海淀区出生成长，郡瞳却并不喜欢"鸡娃"和"内卷"。她的名言"与其鸡娃，不如鸡自己"，因为身教远大于言传。她更喜欢带着孩子们去户外感受自然与生活的美好，她会带孩子们爬山，参加斯巴达比赛，带孩子们陪伴自闭症儿童，也喜欢带孩子们到处旅游。有时甚至有点"不着调"——不久前她就趁着周末带两个孩子去洛阳玩了一趟，穿汉服，看牡丹，拍视频，玩得不亦乐乎，结果没能及时买到回程票，只好赶紧跟学校请假……首届巫山女性文化旅游嘉年华暨第 25 届环球夫人大赛分赛区联赛总决赛，郡瞳顶着高温带了一对儿女参与，还因此有了和孩子们同台演出的机会。所以现在弟弟说自己也是"环球小哥"啦。

高郡瞳和家人

她也会给孩子们报课外班，不过大多是唱歌、跳舞、烹饪之类与学校课业关系不大的兴趣班。如今，10岁的女儿在学校是主管宣传的大队委员、海淀区三好学生、红领巾三星奖章获得者，同时也是烹饪小达人、手工小达人，在"桃李新苗"少儿舞蹈比赛中获得了独舞金奖、斯巴达勇士赛儿童赛获得了三色奖牌（一年度参加三次斯巴达比赛），还是养宠物的小达人，家里的小鱼都被她养到了第三代；而8岁的儿子喜欢拼搭乐高、打架子鼓和篮球，是个不折不扣的"小社牛"，是永远快乐、自信的"自嗨锅"！郡瞳认为每个孩子都是不一样的烟火，都有自己的天赋所在，我们就用爱好好滋养，静待花开，允许他们做自己就是最好的教育。郡瞳虽然工作较忙，但是特别注意对孩子们的高质量陪伴。每天晚上只要郡瞳在家，21：00就会开始亲子阅读时间，女儿和儿子围绕在她身旁，会认真聆听她朗诵名人传记、文学名著或科学故事。现在孩子们也都爱上了阅读。

　　其实郡瞳自己也有不少一直坚持的小小爱好：因为喜欢阅读，她做了读书平台的领读人并创办了"诗情画意瞳频汇"，三年来，坚持线上分享正能量的资讯；因为喜欢跳舞，她每年都会抽出时间去学一支舞蹈，最后还会认真搭配合适的服化道表演一遍，录成视频——这是属于她自己的一个仪式，关于岁月，关于诗和远方。

高郡瞳全家参加亲子100KM徒步胜利完赛

以爱为冕，环球舞台共绽放

郡瞳之所以会登上环球夫人的舞台，其实就是因为女儿的一句话。

那是 2020 年，当时才 6 岁的小女儿突然对她感叹说："妈妈你总穿职业装，别人家的妈妈会穿裙子戴王冠，我想看妈妈戴王冠是什么样子。"

看到女儿期盼的小眼神，郡瞳觉得自己无论如何也得满足她。怎样才能戴上王冠给女儿看呢？正好，那个时候，她认识了参加过环球夫人比赛的张蕾，张蕾向郡瞳介绍了环球夫人大赛，参赛过程中也给了她很大的鼓励。就在那一年，她登上了环球夫人的舞台，一口气拿下了两顶王冠：京津冀赛区季军以及最佳才智夫人。

准备和比赛的过程当然是极其辛苦的，但当她站在舞台上，看到全家人都在为她鼓掌，为她欢笑，看到女儿眼里的光彩，她觉得付出的一切都太值得了！

这样的感动和荣耀，郡瞳也想和朋友们一道分享。她参赛时表演的舞蹈节目就是好友玟瑄（雪莲）帮着编舞并一起陪伴她练习的。到了大赛那天，郡瞳还和金依与史申申（环球夫人民选冠军）一道表演了节目《天亮了》。她们一个跳舞、另一个朗诵，还有一个写书法，三个夫人同台的表演形式，精益求精的赛前打磨，让这个节目得了高分，也为三人留下了美好的回忆。在一口气得到两顶王冠之后，郡瞳把其中一顶直接戴在了好友玟瑄的头上，感谢好友的付出与陪伴。

大赛过后，她又推荐了两个姐妹参加下一届的环球夫人大赛，并一路陪伴她们做参赛前的各种准备，一直陪到巫山全国总决赛的现场。大家都感叹：没见过保驾护航做到这份上的！这两位夫人不负众望，以出色的表现荣获亚军。赛后她们悄悄为郡曈私人定制了一个特别的奖杯，只为感谢她一路的成就与托举。

郡曈还影响到远在成都的畅销书作家鹿雯立，她出版了《有话好好说：你的人生是你"说"出来的》和《幸福的能力：如何获得内心稳稳的幸福》等畅销书，却从未登过大赛的舞台。她被郡曈一张参赛受训的照片吸引，也想接受这样的雕刻与挑战。郡曈得知后分享自己的经验并持续鼓舞她，最终 51 岁的鹿雯立勇敢参赛并获得成都赛区的亚军。她说："如果不是郡曈，我不可能站上舞台，也就不会有戴王冠的体验和后面的一系列幸福故事。"美爱同行，郡曈用生命影响生命，发自内心，自然而然。

把最好的资源与信息带给朋友，将她们托举到更高的地方，郡曈是这样说的，也是这样做的。闺密是我们这辈子自己选择的亲人，郡曈是独生女，但她结拜了两个未语已知心，相见情已深的好姐妹。张祺是北京创思孵科技有限公司的创始人，张文晓是北京大鸾翔宇基金会理事。她们结缘于 2019 年，2020 年在平谷桃花树下结拜。四年多来，她们互相成就、互相支持、有打有闹、有说有笑，陪伴彼此经历人生中的重要阶段，都活出了闪闪发光的自己。相信在未来，她们将继续紧紧相依，继续谱写出属于三姐妹的华美篇章！

"爱出者爱返，福往者福来"，同频共振好友的互相滋养和互相影响，谱写出一曲幸福环环相扣的奏鸣曲。

在郡曈看来，环球夫人大赛的舞台不但是带来个人荣耀的地方，更是把同频的人联结在一起的地方。因此，在 2022 年的环球夫人总决赛上，她的好友刘思含（环球夫人亚军）又用刘欢的《生生不息》编了一支禅舞，带着所有的环球夫人一起上台，让大家的能量聚集在一处，一同翩翩起舞。那一刻，所有的爱都在汇聚，所有的人都在发光。环球夫人大赛是个美好的舞台，在舞台上既展现风采，又收获友谊！

用心守护法律的温度

认识郡瞳的人都知道，她是一个慷慨洒脱的人，比起收获来，她从来都更喜欢给予。对亲人，对朋友，她固然是尽心尽力、不求回报；工作中，她同样也不吝付出。

身为律师，除民商事纠纷与财富管理之外，她深耕的另一个领域是高端婚姻家事。

在离婚率日益上升的今天，这个领域的法律需求自然也日益增多，足以让律师们大展拳脚，但郡瞳在处理相关委托的时候，却并没有把胜率和收益放在首位，用她自己的话来说就是："离婚是我的业务，但我一般不劝分。"因为她知道，她办的不是一件案子而是别人的人生，婚姻官司其实没有真正的赢家。很多时候，为了客户的长期利益，她宁可放弃短期收益丰厚的委托，以理性的态度为她们分析利弊，用坚定的力量陪伴她们度过人生的低谷。

法律或许是冰冷的，但她却愿意做一个有温度的律师。

高郡瞳（左一）在环球夫人大赛中与朋友一起表演节目

144

到了 2018 年，在处理过相当数量的案件之后，郡瞳更清楚地意识到，婚姻领域的大多数法律纠纷其实是可以避免的，比如在结婚前可以做一个简单的背景了解，去看看失信网和裁判文书网，就能避开很多陷阱；比如在婚后保持清醒，及时掌握家庭的经济信息，就能更好地保护自己的财产权益……

古人云，"上医治未病"——最好的医生是能够防止疾病发生的医生。郡瞳觉得，律师何尝不是如此呢？要真正帮助到更多人，她也应该努力去做到"治未病"。

为了实现这个愿望，从 2018 年开始，无论日程多么繁忙，她都会抽出时间去做一些分享婚姻法律知识的公益讲座；疫情暴发之后，她又将讲座放到了线上。几年下来，她做了 80 多场这样的讲座。

这当然不是一件马上能获得丰厚商业回报的事，但郡瞳的眼光向来都放得比短期收益更为长远——从那个维度去看，这符合她从事法律工作的初心，符合她对生活的热爱、对他人的善意，也符合身为环球夫人追求美丽、智慧和爱心的宗旨。

就像她自己说的那样："我要用我的生命展示：幸福可以环环相扣，活出美善同行的力量。"

是啊，每一颗宝贵的钻石，都要经过亿万年的高温重压，才能变得熠熠生辉；每一个精彩的人生，也要经过长久的修炼与成长，才能焕发出动人的光芒。郡瞳这样的大女主，她的下一集，无论主题是工作还是生活，永远都值得期待——那必然比钻石更璀璨。

高郡瞳与家人一起参加环球夫人大赛

徐子乔

从容缓行　我是小乔

　　世有佳木，其名为乔。乔木高大独立，用在名字里，寓意学问精深、德行兼备。身为女性的徐子乔从未按照如此崇高的标准要求自己，她更希望自己善于取舍、懂得欣赏、偶尔闪光、享受当下，活成自己喜欢的样子，成为那个真我。

　　但成为真我要么有极高的悟性，要么有难逢的机缘，徐子乔属于后者，她的机缘就出现在她的生命里。听她聊自己的过往，给人的第一感受是，一个能够笑看人生的人，要经历多少他人所不知的苦痛才能成就；一个真实的灵魂，要涤荡多少厚重的铅华才能玉成。如果人生是一幅画，徐子乔定是淡雅舒缓的水墨，随着卷轴慢展，她在其中缓步轻行，足生莲花。

生命的意义：心动即行动

1979 年，两岁的徐子乔被爸爸妈妈从湿润的四川巴中接到了干旱的新疆克拉玛依，几天的绿皮火车行程并没有使这个小女孩感到疲惫，反而让她很兴奋。也许，每一个历经长途跋涉的孩子都是如此。小子乔不知道，那个要穿越沙漠才能到的地方，是她一生的家，她更没料到，自己会那么努力地想要走出去，到外面看世界。这一进一出，恰如一种隐喻，背后隐藏着一个不甘平凡的灵魂，日后，这个灵魂会演绎出一段足够精彩的人生。

小子乔的家是建在戈壁滩上的单位公房，在她的记忆里所有人的家都一样，是那种一排又一排外表看上去完全相同的平房。那个年代的娱乐也少得可怜，放了学，孩子们最中意的游戏是比赛爬土丘，回到家里一身土，少不了妈妈的呵责；到了夏天，露天泳池是有如天堂般的存在，大人孩子都在这里戏水，欢声笑语、热闹非凡。虽然条件艰苦，但这里的孩子幸福感很强，从小就没有太多焦虑，因为按照当时的政策，油田职工的子女都可以在读完书后回到油田工作，区别只是岗位不同。

虽说未来的工作是稳妥的，但徐子乔并没有在学习上"轻松自如"，妈妈甚至一度建议她不要读高中考大学，干脆选择读中专后上班。但子乔心中有个小执念：爸爸是大学生，不能一代比一代差啊。于是，她毅然选择读高中，迎战高考。但她坦言，高中学习实在太过乏味，缺少全方位的培养，大家都低头前进，并没人看到风景，简直是有些摧残生命。

经历了三年苦读和三天"血拼"，徐子乔顺利考上位于四川南充的西南石油大学，回到了自己出生的地方。对于一个花季少女来说，她的专业计算机技术及应用实在太过无聊，徐子乔更喜欢文艺活动。于是，各种舞台才是她的天地。她印象最深的是，在学校建校四十周年庆祝活动中，她一个人就参加了两个节目，并在压轴群舞中作为领舞，光影交错的时光里，尽是青春的曼妙与美好。徐子乔一定不知道，在那所男生居多的高校里，她到底是何等的存在。

很快，毕业的徐子乔按计划回到了家乡，她被分配到准东火烧山采油厂，从事油田运行工作，一干就是小三年。因为在大学期间入了党，专业在那时又很紧俏，徐子乔在单位里做得有模有样，还曾被派到位于北京的中国石油大学开会或者学习，结识了不少同行，长了不少见识。不过，这并没有让徐子乔更快乐，她看到了外面的世界，就更不想待在一眼望到头的地方。是的，她要走出去，不管去哪。

徐子乔和母亲

很快，不顾领导挽留，也不管家里意见，她从单位辞职，放弃了铁饭碗，一个人到了北京。在那里，她学英语考雅思，全心备考出国，虽然也是在那时候经历了人生的大起大落，但她没停下脚步。徐子乔远赴英国留学，学成归来后供职外企，之后，她成家生子，事业稳定，安然平静。

在外人看来，徐子乔很稳，生活舒适，家庭幸福。但她这样形容自己的过往："离开体制后，恰好身体出现大问题，那几年我最大的感受是安全感完全丧失。不过，经过了出国读书和回国工作这些年，我不仅能和自己的身体'和睦相处'，和曾经让自己不开心的事和解，更明白了一个道理：稳定和安全不是外界能给的，它就在自己的内心里，而这，需要我们自己去寻找。"

只有她自己清楚，她是如何从风雨飘摇中走出来的，如何重新获得了那份久违的安全感。用她自己的话说，就是接纳自己的全部，把生活交给时间，从容对待生命和一切。

2023年，徐子乔随同先生去了加拿大，他们想为自己和儿子换一个生活环境。当时的契机是先生在国外找到了更好的发展机会，为了这份事业，他们决定移居。对于徐子乔而言，这实现了她多年前就有的到国外感受多元文化的夙愿，而孩子也可以打破在国内参加高考的单一发展路线，有了更多可能性。如今，徐子乔在环境更像世外桃源的加拿大生活着，她自己的心态也更加平和安定，不需要内卷，也不存在事业焦虑，她甚至还实现了远程办公，完美地平衡了家庭和事业，一家人其乐融融。

也许，几年以后，徐子乔又会"折腾"到一个新的地方，但她一定是带着自信和从容走向陌生的，因为她已经找到让生命安定的密码，那便是，既要心动也要行动，量力而行，随遇而安。

优雅便是：咽下苦，笑对世界

　　人吃五谷，孰能无恙？病痛本来也是生命的一部分，是自然而然的过程。但话虽说得轻巧，一旦落到某个人的身上，却又何等沉重？而徐子乔的遭遇是，她要和自己的病痛一直相伴，共同走过。于是，那条她曾经走过的路，便成了她坚信自己能够战胜病痛、重新掌控生活的心路历程。

　　那是 2002 年，徐子乔刚从新疆到北京，报了英语培训班后便住校学习，可没过两个月，一次小小的发烧就让她十分虚弱，去医院检查后，发现血常规各项指标非常低，医生甚至告知其有白血病的可能。还好，之后的更精确的检查排除了白血病，她被诊断为再生障碍性贫血。当时，年轻的徐子乔对这个病没有太多认知，网上也没有太多的介绍，她本以为回到新疆住院调理下，日常多吃点补血的营养品就可以了。于是在新疆住了一个月医院后，她又告别家人回到了北京。回到学校没几天，便出现肠胃炎伴随高烧现象，到医院后，医生准确告知，这是非常严重的再生障碍性贫血，弄不好有性命之危。

徐子乔参加"斯巴达勇士北京站 10 公里障碍赛"

用现在的话说，徐子乔的生命齿轮开始转动了。历经两个月的住院治疗，在服用雄性激素后，指标终于有所上涨，病情在向好的方向发展。但对她而言，这种治疗会毁了一个女人的容貌、身材、声音和自信。雄性激素给她希望也让她绝望，生活甚至还没来得及给她时间做心理建设，她就必须乖乖服从，因为这是唯一能让她康复的方法。

徐子乔净身高168厘米，本是高挑纤细、出类拔萃的美人，在服用雄性激素后，她体重猛增、满脸红痘、嗓音变化，激素所引发的内分泌失调更是异常严重。虽然她没有长出很多人会出现的体毛，但就这些，也足以让徐子乔重新思考和定义自己的未来。眼前的现实是她无法剧烈运动，做事情也无法尽全力，容貌越来越丑，等等，但她告诉自己，她已经足够幸运，她要做的是珍惜。

"没关系，我要学会和它一起生活。我当时就是这么想的。"徐子乔回忆起当时的心境。那一刻，她开始学会活在当下，享受人生的点点滴滴。她记得生病后朋友之间的相互扶持，让她多了两个终生守候的莫逆之交；也记得曾经和日本女留学生的交往，一起吃饭、逛街、见朋友而结下的深厚友谊；她会铭记在出国路上一直鼓励支持她的大学同学；也不会忘记在英国留学时认识的印度学弟，在她回国后仍然勉励她积德行善、好报会来。

徐子乔没有因为病痛而停滞不前，她甚至觉得这种病痛没有让自己动弹不得，已经是上天的眷顾，因此一定要动起来、走下去。她没有放弃出国，经过两年多的准备，她成功拿到纽卡斯尔大学的录取通知书，翻开人生崭新的一页。

为了不在国外出问题，她出国前准备了足够治疗半年的药品，到了英国，她先在书店做志愿者，练习语言，后来又靠照顾患有孤独症的儿童赚取生活费。陌生的环境让她感觉生活正在重启，多元的文化让她更加包容，而孤独症儿童使她意识到生命的平等和坚韧。"我没有理由不好好生活下去，因为我是幸运的，我还可以掌控我的人生，决定我的未来。"徐子乔如是说。

回国之后，靠着在国外学习到的电子商务专业背景和优异的语言能力，徐子乔成功谋到了一家外企的总裁助理职位，并顺利地把户口落到了北京，成为一名新北京人。她优雅地定居在北京，和常人别无二致。有人说徐子乔苦尽甘来，她更愿意说自己笑对人生。因为只有自己用乐观包容的心境面对世界，世界才有了别样的色彩，这是个反求诸己、向内而生的过程，是愚者常常比较、智者只会欣赏的崭新境界。

因为爱，所以要爱下去

徐子乔的父亲毕业于成都地质学院（现成都理工大学），这是新中国成立初期我国创建的三所专业地质学院之一，他学的就是响当当的地质专业。大学毕业后被分配到油田工作，之后去了新疆支援边疆建设。徐子乔母亲的家乡在四川巴中，那是赫赫有名的红军之乡，也许和巴中的风土人情有关，母亲性格直爽，有四川女性一贯的干练。

徐子乔是家里的独生女，也是家人的掌上明珠。但因为新疆实在太远，身边的亲人只有爸爸妈妈，小子乔的玩伴就是那些学校里的好朋友。孩子们住的地方虽然不是什么大院，但都很近，每天腻在一起，形影不离。

对于可以走定向工作路线的油田子弟而言，竞争压力要比普通考生小得多。但是徐子乔的父母却不这样认为，他们希望她做任何事都全力以赴、不留遗憾。因此，子乔回忆起自己的童年时，觉得父母的管教还是很严的。

"爸爸平时工作忙，主要是妈妈在管我，有时候很严格。但我特别感恩他们，不仅是因为他们给了我生命，更是因为他们一直支持我、理解我、包容我。"大学之前，徐子乔在父母的关爱中长大，按部就班。到了大学后，她一度因为脱离了父母的掌控而开心不已。但后来的经历让她体会到，家人才是一生的财富。特别是定居北京后，爸爸妈妈会隔几个月到北京来跟子乔住上一阵子，她终于有机会承欢膝下、回报父母了，一家人少了些两地分居的思念，多了些温馨满屋的幸福。

徐子乔和家人

　　徐子乔的先生是北京航空航天大学的高才生，也是油田子弟。谈恋爱时，相似的家庭背景让两个人有了更多的共同话题，相处很融洽。不过子乔清楚，自己身体的情况一定要如实告诉男朋友，这是起码的尊重和信任，她甚至做好了分手的心理准备。让她开心和感动的是，男朋友没有介意，连男朋友的父母也不介意。于是，两个人幸福地走进了婚姻的殿堂。徐子乔感激先生，她从先生那里获得了最大的肯定，她也想让他们的爱开花结果，但这对徐子乔而言是个不小的难题。医生曾经告诉她，严重贫血会对孕产妇有一定的影响，风险是存在的，最终，她决定冒这个险。果然，怀孕时，徐子乔的血象指标又出现了较大幅度的下滑，还好有惊无险，2012 年，儿子的出生为徐子乔和先生的恩爱家庭增添了一份新的完整与喜悦。

时光匆匆，岁月无声。日子在柴米油盐中度过，徐子乔以为自己会这样平淡下去，照顾老人、相夫教子。她没想到，自己有一天会重新登上舞台。2020年，经朋友推荐，徐子乔参加了环球夫人大赛。大学之后，很少抛头露面的她，这一次又闪耀全场。赛前的提升训练强度很大，她和其他夫人一道，毫不懈怠，正赛上，经过数轮激烈角逐，她获得最具知性夫人奖。赛后，徐子乔难掩自豪，而她的话，也更像一种不向艰险屈服的宣言："挑战自我，获得别样的精彩，环球夫人徐子乔，做到了。"

是的，她做到了，她再次成为舞台中央闪闪发光的女人。不过，徐子乔清楚，回归简单和本真更是她愿意的生活。她就是这样的人，整体平和，偶尔闪光，享受当下。

徐子乔坦言，参与环球夫人大赛，是对她信心打击和重建的过程。她是理工科出身，职业生涯也一直沉浸在工业世界里，那个世界男性居多，讲究精确和效率，虽然优秀的女性也不在少数，但是大家呈现的是职业状态，更多的是业务能力上的专业和专注。但是在环球夫人的平台上，她看到了舒缓的节奏、优雅的身姿、精致的装扮和女性丰富的精神世界，这是一种修养，并非来自一朝一夕。但徐子乔没有因为自己是"后进者"而沮丧，她选择突破自我，承认自己的不足，迎头赶上。在认清和包容自己后，她完成了自身的蜕变，勇敢而惊艳地走上了舞台。"环球夫人就像一次反省和觉察，让我看到这个世界的多样性，每个人都有存在的价值，欣赏和悦纳自己，让灵魂变得有趣和安稳，是对自己最大的褒奖。"徐子乔感悟道。

她知道，现在的她就是最好的状态，是一种恰如其分的"刚刚好"。她享受于其中，心安自在。

胡侨予

优雅转身 全力绽放

在考进中央戏剧学院表演系之前，胡侨予曾学了整整十年的舞蹈。

十年来，在艺校巨大的排练厅里，她一直占据着 C 位。

在舞蹈界最高荣誉"桃李杯"的舞台上，她曾大放异彩，载誉而归。

谁都以为她会在这条路上走下去，然而就在高考前，她却转身走上了另一条路。

毫不犹豫，不留余地。

在人生里，她其实一直如此：无论什么事，她都会拼尽全力做到最好。

这样，转身离开的时候就不会有任何遗憾；

这样，就能毫无负担地奔向更广阔的天地，收获更美好的成功。

在一次次转身之后，她的人生的确正在变得更美好、更成功。

舞梦启航，影途新章

胡侨予最早走上跳舞这条路纯属偶然。

8岁那年，母亲发现她有点驼背，听说学舞可以矫正体态，就把她送到了舞蹈课外班。

对于小侨予来说，学舞其实是件苦差事，每次的拉筋压腿就像上刑，但她是天生的完美主义者，既然学了就会尽力学好。加上外形优越，天赋出众，10岁的时候，舞蹈班已经教不了她什么了。

一个艰难的选择就此摆在了侨予和家人的面前：她今后是把舞蹈当成业余爱好跳着玩呢，还是干脆走上专业学习舞蹈的道路？

母亲将决定权交给了侨予，而她最终选择了后者。

她知道，这是一条不能回头的路，在舞蹈班里，她是最好的学生，但在学校却不是，或许永远都不会是，而她只想做到最好。

抱着这种"做到最好"的信念，10岁的她离开家乡，在千里之外的艺校开始了专业生涯。即使学校的生活条件一度极其艰苦，即使遇到了动辄打压学生的老师，她都咬牙坚持了下来，并且牢牢占据了学校排练厅最中央的位置，没有人能比她学得更快更好，所以不管老师喜不喜欢她，她都是标杆，是示范，是唯一能带领同学们学习新动作的那一个。

后来，在全国的"桃李杯"大赛上，又是她代表学校站上舞蹈界的最高舞台，并拿回了宝贵的季军奖杯。

到了高考那年，她在专业上早已达标，只是身材偏于纤巧，离舞蹈演员最理想的身高还有一点差距。保险起见，母亲为她请了专业老师，对她进行编舞方面的强化培训。

　　其实编舞比跳舞更为辛苦，需要对脑力反复挑战，培训中每天都要编出一支舞来的魔鬼强度更是足以让人反复崩溃。完全是凭借过人的毅力，侨予才熬过了那三个月，但在终于出师的那一天，她清楚地认识到：跳舞，并不是她真正热爱的专业，更不是她真正想过的人生。

　　于是，不顾家人的反对，她转身报考了各大艺术院校的表演专业。

破茧成蝶，逐梦影视

表演专业当然比舞蹈专业要难考得多，报考人数之多，竞争之激烈，是每年都会上新闻的程度，但凭借姣好的外形和出众的气质，侨予还是从万千考生中杀出重围，三次面试过后，进入了要求最高、筛选最严的中央戏剧学院表演系的录取名单。

然而更严峻的考验还在后面——表演专业对高考成绩是有要求的，但侨予已经离开普通学校多年，文化课基础极为薄弱，几个月内达到录取分数线几乎是不可能完成的任务。同时，她之前就以全国第七名的好成绩考取了上海戏剧学院的舞蹈编导班，完全可以避开高考，轻轻松松继续走这条路……

成败利弊是如此一目了然，侨予却没有丝毫动摇，她甚至没给自己留任何后路：如果考不上中戏，她宁可不上学了，去找工作！

这样的破釜沉舟，为她带来了一往无前的勇气，而幸运总是更青睐勇敢的人。在废寝忘食地补习了几个月之后，她以超出预期的高考成绩叩开了中央戏剧学院的大门。

一个崭新的世界在她眼前徐徐展开。

作为国内表演专业的最高殿堂，中戏表演系曾培养出姜文、巩俐、章子怡等著名演员，对专业方面要求当然极高，无论是戏剧影视理论的系统学习还是表演的各科训练，对侨予来说都是全新的挑战。不过，比起练舞时十年如一日的艰苦枯燥，这些挑战至少新奇有趣得多。

所以回顾在中戏学习的四年，侨予由衷地觉得，那是一段美好时光，她最大的烦恼也不过是自己长得太乖了，一到集体表演就会被分配去演妹妹，实在演得有点烦！那时的她当然也没有想到，当校园生涯结束，真正开始工作了，一切都会变得那么不同。在外人看来，影视圈光鲜亮丽，热闹非凡，但身处其间的人，感受得更多的恐怕是它的冰冷残酷。

　　侨予倒不至于没有机会，她科班出身，形象又好，也有大制片人对她颇为欣赏。毕业后的两年里，她陆续在一些影视作品里饰演了有名有姓的角色，甚至参演过《钢铁侠3》这样的好莱坞顶级制作……这样发展下去，未必没有一个光明星途。

　　然而侨予却越来越觉得厌倦，她可以接受不眠不休的高强度工作，可以忍受酷暑严寒里吊威亚、淋血浆的辛苦，但那种漫长的被动的等待和过于复杂的人际关系、利益纠葛，却是她始终都难以适应的。

　　她也不想去适应了。

　　就像放弃跳舞一样，她再次毫不犹豫地转身，离开了那条星光璀璨的道路。

胡侨予和先

转身幕后，携手挚爱绘新章

侨予为自己选择的新领域是舞台剧。

比起电影电视来，舞台剧表演对专业的要求其实更高，获得的名利却无法与之相比。这是一个需要耐得住寂寞的地方，却让侨予感到分外踏实——她不用去考虑专业之外的事了，只要全力以赴地完成表演，做到最好就行；而凡事做到最好，对她来说几乎已是一种本能。

她的能力，她的敬业，很快就引起了舞台剧出品方的注意。那是一家央视旗下的娱乐传媒公司，在制片人的盛情邀请下，侨予成为公司的员工。

一开始，她的职务还是演员，主演公司出品的舞台剧和音乐剧；但没过多久领导就发现，她完全可以担负起整台剧目的组织排练工作，于是她便兼任了导演；接下来，当她展现出编舞的专业能力后，身上又加上了编导的任务……

就这样，她在公司的职位越来越高，工作量更是成倍增加，包括负责儿童戏剧培训、担任各种大型电视节目的策划编排，等等。她对每项工作都投入了巨大的精力，当儿童戏剧培训找不到合适的教材时，她甚至自己动手编出来了整整一套！

几年下来，她学到了很多东西，也付出了太多心血，到了后来，每天只能睡三四个小时已经成了常态。

这一次，是她的身体先顶不住了。

2017 年，在工作的第五个年头，侨予身上突然暴发了大面积的皮肤过敏，而且情况越来越严重，这让她意识到，自己不能再这么拼下去了。

她的人生到了第三次转身离开的时候。幸运的是，这一次，无论她走到哪里，都有人陪在她的身边，全心全意，不离不弃。

一直陪着侨予的是她的男友，现在是她的先生。

从初恋一路走到婚姻，侨予常常觉得：自己一生的运气，都用来遇到他了。

他们俩有着几乎一模一样的经历：都曾在艺校学过十年的舞蹈，然后在高考时转头考进了中央戏剧学院，而且是同一届的同一个系。

他们也有着完全不同的性格：在学舞时，侨予精益求精，永远占据着最中央的位置，而他则是得过且过，总是靠着最边上的扶杆；在工作中，侨予认真得近乎苛求，就怕有一丝的不完美，而他却从不难为自己，最后也能把事情做得漂漂亮亮……

所以最懂侨予的人是他，最能治愈侨予的人也是他。

他能理解侨予的所有烦恼，会支持她的一切决定，也会在侨予钻进牛角尖时耐心劝说她换一个角度看问题，将她慢慢拉回正轨。

正是因为有他这样的支持和包容，侨予才能在身体发出警告之后真正放下一切，用了整整一年的时间来安心调养身体，并重新思考自己的人生。

2018 年，在彻底康复之后，她做了两个决定：第一，去做一些有意义的工作，比如当老师，教孩子们表演，引领他们感受戏剧的魅力；第二，去尝试一些有意思的事情，比如走上环球夫人的舞台。

舞台映芳华，商海绽新彩

侨予和环球夫人大赛的缘分其实由来已久。

早在 2015 年，当她还在央视工作的时候，就曾代表媒体加入环球夫人全球总决赛的导演组；但真正作为选手走上大赛的舞台，则是 2020 年的事情了。

五年间，很多事都变了，她走进了婚姻的殿堂，人生也开启了新的篇章。但在走上环球夫人的赛场后，侨予发现，她对舞台的热爱并没有改变，她依然喜欢在舞台上绽放光芒的感觉，而比赛给了她再次在聚光灯下尽情绽放的机会。

更重要的是，通过赛事，她认识了一群优秀的姐妹。她们的人生经历，她们看待事物的眼光，给侨予开启了一个新视野，让她可以站在更高的维度去认识自我、认识世界，用她自己的话说就是："我的格局被打开了。"

因为从小学习艺术，此前的她是没有什么经济概念的，甚至不好意思跟人谈钱，现在她才意识到，这是自己的短板，毕竟现代社会是商业社会，在任何领域，具有商业意识的人都能走得更远。

因此，就在这一年，当有人向侨予推荐团购平台时，她没有像以前一样断然拒绝，而是在研究了相关商业模式之后决定去试一试。

胡侨予参加活动现场照

试的办法也很简单：试用一些产品，拉好一个群，然后拍下相关的照片和视频发在朋友圈和群里——她知道自己的优势所在，与其直接找人推介产品，不如好好展现自己的个人形象，运用吸引力法则来聚拢对她、对她用的东西，以至于对她从事的团购感兴趣的人。

她把一切都想得很清楚，唯一没有料到的是，一个小小的奇迹会就此发生。

她的团购群第一天进来了300人，第二天就涨到了500人，第三天有人开始报名做她的团长，仅仅两个月之后，她就晋升为卓越级店主，不到一年的时间，她成了平台的合伙人……到了2023年，她管理的团长已达到3000人，年收入更相当可观。

这是意料之外的成功，但对侨予而言，更是对她长久以来努力的肯定。

她也反复想过，自己为什么能吸引到这么多人？这里面当然有时机的因素，但更重要的还是她一以贯之的真诚，是十年舞蹈练习赋予她的气质，是表演专业的学习实践教会她的展示技巧，更是因为多年来踏实做事累积下来的良好信誉——你看，在漫长的人生道路上，所有的努力终究不会白费，总有一些东西会在我们转身之后依然留在身上，那是人生里真正宝贵的财富，能帮助我们走到更高的地方。

如今，站在平台合伙人的位置上，侨予觉得，她可以做的事情也更多了。

她可以帮助更多的人创业——其中很多是没有专长、没有资金，也没有稳定工作时间的宝妈，看到她们从困境里一点点成长起来，那种成就感甚至能超过她自己的成功。

她也能更有效率地投入公益事业——在参加环球夫人比赛时，侨予曾接触过一些救助被抛弃儿童的公益机构，孩子们会有各种琐碎的需要，现在她能更快获知这些需要，通过平台挑选出最合适的东西，直接捐助到他们的手里。

她还能更从容地投入儿童戏剧培训——在她自己的成长道路上，曾遇到过好的和不那么好的老师，所以她更知道身为老师的责任和做一个好老师的意义，虽然如今这份报酬对她来说几乎可以忽略不计，但每次听到有孩子仰起笑脸说"我好喜欢你的课"，依然能带给她无限的满足……

　　作为互联网新商业模式的弄潮儿，她并不确定自己在这条路上能走多远，或许未来的某个时刻，她会再次转身，换条道路重新出发，但她很确定，这些有意义的事情，她都会坚持下去。而无论是离开还是坚持，都是为了更好地成长。就像她最爱的木槿花，朝开暮落，每一次凋谢都是为了更绚烂地绽放。

胡侨予参加环球夫人大赛现场照

张馨予

世界因她更美好

从一片茶叶，到一壶香茗，需要经历怎样的过程？

也许没有人比张馨予更清楚。

她 3 岁开始饮茶，如今已是拥有国际认证的高级茶艺师、品茶师。她有自己的茶园、茶室和茶叶品牌，还担任着清华大学清茶会的会长。

每当她在茶台前落座，那雍容娴雅的气度，俨然是从《调琴啜茗图》里走出的古代仕女，不沾半点人间烟火。但事实上，她是一名成功的企业家。她曾在著名跨国公司任职首席，现在更管理着一家行业领先的高科技企业集团，掌控着一所精英云集的研究院……

矛盾吗？并不。

因为她同样曾十几年如一日地刻苦研习传统艺术，曾深耕文化传播领域多年。

如果说人生是一场修行，那么，是东方的文化传统、西方的精英教育，是艺术的常年熏陶、职场的百般磨炼，共同造就了今天如此璀璨的馨予。

就如一片茶叶，要经历风霜雪雨的洗礼、承受摘揉焙泡的煎熬，才能成为眼前这一壶醇香。

跨界依旧绽放的璀璨人生

馨予曾以为，她会在艺术的道路上一直走下去。

从小她就喜欢艺术。她的奶奶是镶黄旗的大家闺秀，规矩大，品位高，写得一手好字。每到风和日暖的时候，奶奶都会穿上讲究的衣饰，摆出精美的茶具，不紧不慢地泡出一壶浓酽的茉莉花茶。那袅袅飘散的幽远香气，就是馨予最早的艺术熏陶。

她的母亲多才多艺，还特别重视培养女儿的文艺天赋。儿时，母亲就天天骑着自行车带馨予去学舞蹈、学绘画、学书法……寒暑不辍，风雨无阻，什么都阻挡不了她的脚步。那温暖而坚忍的背影，铺就了馨予最早的艺术之路。

在母亲的督促下，在心无旁骛的学习中，馨予成长得很快，15岁就考进了一所兼长艺术培养和人文教育的著名高校。在学校里，她一面学习中文专业，汲取人文领域的知识，一面师从名家，深造舞蹈技艺，并达到了很高的专业水准。

那时的她对一切充满好奇，也拥有无数的机会。在完成两个专业的学习之余，她拍过广告，演过电视剧，在央视王牌节目《非常6+1》里当过"非常明星"……每一样她都完成得很出色，但一样样试下来，她发现，这些都不是她真正想走的路。

那么，就重返校园，去提升一下专业水平吧。

2007年，她从外企辞职，转身考进了香港的浸会大学——这所学校拥有亚洲第一的传媒专业，而传媒，正是她想深造的方向。

从北京来到香港，不仅要飞越两千公里的距离，更是全然换了一片天地。

馨予生在北京，长在北京，读书、工作也都在北京，早已习惯了京城的风土人情，而香港的语言习俗、社会制度乃至饮食习惯，都与北京完全不同；至于馨予所学习的传媒专业，种种理念更是跟她之前的了解南辕北辙……这样全方位的文化冲击，她能适应吗？家人和朋友都很担心。

馨予自己却没有感觉到太多不适，甚至有一种如鱼得水的欢喜。多年之后说到香港，她还是会怀念地微笑："我其实挺喜欢香港的，喜欢那里的校园氛围，喜欢那里的生活情调，包括那些街头巷尾的美食，我都特别喜欢！"

那时的她无疑是辛苦的。为了提高自己的专业能力，在完成各项课业的同时，馨予还应聘了香港电台的普通话播音主持人，每天都要奔波在校园与电台之间，晚上还要去教人讲普通话……她从来没有这么忙碌过，也从来没有这么充实过。她喜欢这种充实的感觉。

于是，毕业后，她决定留在香港，继续从事文化传媒工作。在工作期间，她成功举办了几场大型活动，促进了海峡两岸及香港、澳门等地的交流。因为表现出色，她获得了澳门的"优秀年轻女企业家"称号。

馨予享受这样的工作和生活，不过到了2010年，当新的工作机会来临时，她突然意识到，自己不知不觉间已经在香港生活了七年，或许是时候回北京了。

毕竟北京才是她的家，那里有她的亲人，也有更为广阔的事业蓝图。

张馨予和母亲

绿动十年的新能源征程

馨予的事业新版图是全球电子商务。

回到北京后，她在一家著名的跨国网络交易平台担任政府事务部首席代表，负责亚太区的相关业务。

之后的几年，她在职场稳扎稳打，不但赢得了公司的信任和重用，在京城外企圈里也是声名鹊起。以外企高管云集而闻名的北京市欧美同学会，就选举她做了理事。这是难得的荣誉，代表着顶级精英圈的认可，而这时的她，还不到30岁。

作为国际化的职业经理人，馨予的前景一片光明，大家都期待着她在这条道路上走得更远。然而2014年的春天，就在29岁生日的前夕，馨予辞去了外企的职务，入职天普新能源科技公司，成为这个家族企业的副总经理。

原因也很简单：为了家庭。

之前，通过亲友介绍，馨予认识了她的先生。先生是学建筑的，平日热爱运动，用馨予的话说，"就是个理科男，不过性格跟我倒是正好互补"。更有缘分的是，他也在北京长大，也曾在香港上学，共同的经历自然带来了共同的话题，加上双方的父母早就互相认识，彼此认可，两人很快就顺理成章地走到了一起。

婚后的生活幸福甜蜜，不过，馨予的先生是名"创二代"，在拥有更高起点的同时，他们也注定要背负更大的责任——馨予的公公婆婆白手起家创立了天普公司，经过20多年的奋斗，将公司从太阳能家用热水器的制造商，发展成了一家拥有多个生产基地、多项技术专利，并承担了多项国家发展计划的高科技企业集团。如今，新能源领域的竞争日益激烈，公公婆婆却日渐老去。已经成家立业的他们，不可能不去分担这份责任。

因此，尽管已经创立了自己的建筑技术公司，先生还是决定回归天普集团，从年轻的创业者，变成了父母的接班人；而馨予也放弃了外企的工作，从光芒四射的职场明星，变成了丈夫背后的贤内助。

落差当然是有的，各种不适应也是有的，但馨予清楚地知道，这一切都值得。因为对她来说，家庭永远比职位更重要，责任永远比光环更重要；同样重要的是，新能源是一项关乎全人类可持续发展的事业，值得她为之奋斗。

转眼已是2024年，在新能源领域，馨予已经耕耘了整整十年。十年来，天普集团拓展了新的领域，建立了新的基地，也达到了一个全新的高度。目前，公司已为数以万计的用户提供了清洁能源，推广太阳能热利用面积上亿平方米，累计减少碳排放上亿吨……这每一个闪光的数据背后，都有馨予的努力与奉献。

张馨予和家人

智慧平衡，双赢人生

谷歌前总裁李开复曾经说过，想象一个有你的世界，一个没你的世界，让这两个世界有最大的差异，就是你这一生的意义。

如今，站在四十不惑的人生关口前，回望过去的历程，馨予觉得，她已经找到自己人生的意义了。这份意义不仅在于她的事业，在于她为新能源发展做出了贡献，让这个世界向更干净更美丽的明天迈进了小小的一步；也在于她的家庭，在于她让一个大家庭更温暖了，让一个小家庭更温馨了，还让这个世界多了两个可爱的孩子。

作为一个企业家，她的卓越早已是有目共睹，而在做儿媳、做妻子、做母亲的时候，她的投入同样少有人及。

"我是一个追求完美的金牛座，人生的每一个角色，我都要演绎到极致！"馨予说。所以她会在孩子出生前一周依然加班加点地工作，也会在繁忙的工作中坚持母乳喂养 14 个月；她会每天在工作中精益求精，也会每晚为先生和孩子们做饭、收拾衣服，乃至为他们挤好牙膏……这样在工作和家庭的两端都追求完美，她是怎样做到平衡的？馨予笑着回答：她并不追求完全的平衡，只是学会了做出取舍。

就像所有的职场妈妈一样，她也会遇到分身乏术的情况。实在无法兼顾时，她所能做的就是，分清轻重缓急，然后尽快做好更重要的那件事，不犹豫、不后悔。

此外，她把家庭和事业也分得很清楚。她和先生是事业上的好搭档，在公司无话不谈，但回家之后就不会再聊工作上的事，而是全心全意地做一对好父母、好儿女。

就这样，成为母亲之后，馨予在事业上依然不断进取，甚至比以前更为从容，因为她的心态更宽容了，能够更加平和地对待个人和企业的不足，对待工作中必然会出现的棘手和意外。

茶缘，传承文化之美

除事业和家庭之外，馨予同样重视的还有一件事，那就是学习。

2017年，刚刚结束哺乳期的她再次入学深造，在两年之内，拿下了两个商界含金量极高的学位，一个是清华大学的EMBA，另一个是法国路桥大学的硕士学位。

2022年，中国能源研究会、北京大学能源研究院和天普集团等共同发起成立了未来碳中和研究院，由馨予担任院长。研究院云集了来自中科院、北京大学、清华大学、中国能源集团等多家科研院校和大型企业的精英专家，研究范围涵盖碳中和领域的技术应用、产业升级和生态圈构建，等等。身为院长，馨予要学的东西自然也就更多了。

她的学习还不止于此。在不断学习新知识新技能的同时，她也在不断探索内心的智慧宝藏。每一天，不管工作多么繁忙，她都会抽出时间来打坐冥想，反省自己的言行得失，感悟生命的本源真谛。所谓"静生定，定生慧"，馨予深知，知识需要外求，智慧则来自内生，唯有双管齐下，才能"每天进步一点点，每天都是最好的自己"。她喜欢这样的人生，喜欢这样的自己。

让她欢喜的当然不只有学习，还有她热爱的文化事业，譬如茶道。

张馨予参加会议现场照

张馨予在茶台前品茶

　　馨予跟茶的缘分是从 3 岁那年开始的，如今饮茶对她来说不但已是一种习惯，也是一种修炼。她说："茶道就像人生，就算是同一壶茶，每一泡都有不同的滋味。"每当坐在茶台前，静静地品味着这苦尽甘来、回味无穷的微妙滋味，她都会觉得自己的生命也变得更沉静、更丰盈。

　　这是美的享受，也是智慧的觉悟，而这样的享受和觉悟，馨予想带给更多的人，"悟到东西"由此而生。"悟到东西"是她自己做的茶叶，是她设计的茶空间，但又不止于此——所谓"悟到"是指醒悟、觉察，也可以理解为"悟道"；而"东西"既是泛指一切物品和思想的"东西"，又代表着东方的传统文化和西方的古典美学——馨予希望，通过她精心设计的文化产品，能让更多的人感悟到生活中的美，欣赏到东方文化的"道"。

　　分享美好事物，推广传统文化，是她一直未改的初心。

美好相互吸引，环球绽放风采

美好的理念会互相激发，美好的人也会互相吸引。

2022 年，馨予通过朋友介绍了解到"环球夫人"赛事，立刻就被吸引了。

她喜欢夫人们在舞台上展现出的美丽风姿，更认可赛事倡导的理念，譬如强调夫人的力量，譬如重视家庭、倡导公益。

在馨予看来，"夫人"这个词就很美，在一个家庭中，夫人是最重要的角色，是夫妻和睦、儿女成长乃至家族兴旺、社会和谐的基石。赛事所倡导的公益慈善更是馨予一直身体力行的领域——多年来，她参与的公益活动涵盖了救助儿童、关爱女性、慰问困难家庭等多个方面，还跟爱心企业家们共同成立了爱帮基金会，举办过多场科普公益活动。作为天普人，集团的"共建百条天普路"以及修德谷的建设维护，更凝聚着她的心血。

"从帮助一个人，到温暖一个家庭，再到感动身边人"，馨予一直都希望能与优秀的人共创有爱的社会大家庭。

环球夫人，不正是这样一个充满正能量的平台吗？

因此，她毫不犹豫地参加了 2022 年的赛事，并在 8 月举办的第 25 届环球夫人大赛分赛区联赛总决赛上，一举夺得京津冀赛区的冠军。那一夜，馨予在聚光灯下翩翩起舞，从容走秀，一举一动都美得惊人；那一夜，她既是实至名归的环球夫人冠军，也是光彩夺目的碳中和大使。她向世界展现了中国女性的力量，也向夫人们讲述了双碳的目标、新能源的意义，以及需要大家共"碳"的绿色未来。

是的，美是值得追求的，但更值得追求的，是世界因我而变得更美。

所以在比赛之后，馨予又精心打造了"中女时代 G1637 石榴文化会客厅"，她相信，女性拥有强大的力量，尤其是在成熟女性注定将担当更多责任的今天，只要让更多的女性朋友聚集起来、行动起来，就能让这个拥有她们的世界走向更美好的明天。

张馨予参加环球夫人大赛现场照

方琳萍

岁月从不败美人

方琳萍，在皮草行业是个重量级的名字，她是著名高端品牌"柏迪"皮草的创立者和代言人，更是圈内公认的时尚女王。

她还有个更加广为人知的名字——"大美"。

什么是大美呢？

在庄子笔下，"肌肤若冰雪，绰约若处子"的神人有博大脱俗的美；在刘禹锡的诗中，"唯有牡丹真国色，花开时节动京城"的牡丹有大气雍容的美；而老子说，"大音希声，大象无形"，大美，自然也是无可形容、无法限制的……

这些词句用在琳萍的身上都是那么的贴切，她的美，自然灵动，高雅华贵，超越了潮流和时光的限制。

她仿佛是为美而生。

她会一直美下去。

雁荡佳人逐梦京城

琳萍的家乡就很美。

她出生在雁荡山脚下。雁荡山，位于温州北部，东海之滨，素以山清水秀、峰险洞幽而闻名。这样钟灵毓秀的地方，出诗歌，出画卷，出高士，自然也出美人。

琳萍就是天生丽质的美人，她家境优越，自小又备受家人宠爱，爱美的天性很早便显露出来。20 世纪 80 年代，当别的小学生还穿着千篇一律的白衬衫运动裤的时候，她已经开始给自己买各种时髦的衣服了，比如雅致的连衣裙、轻柔的开司米，这些美丽的服饰，总能带给她特别的欢喜。

时光进入 90 年代，琳萍漂漂亮亮地长大了。家里给她安排了一份体面又轻松的工作，想让她继续无忧无虑地生活下去，然而琳萍自己却并不这么想。

是的，家乡的山水如诗如画，家乡的生活舒适安逸，但她还是想去外面的世界看一看。她是温州人，不管外表多么娇柔秀美，骨子里都有一种出门闯世界的豪气。

琳萍闯世界的第一站是北京。

1994 年，她终于说服家人，跟随亲戚来到北京。那时的她不过双十年华，对未来要走的路还有些懵懵懂懂。亲戚在京南的木樨园做布料批发生意，她也跟着做，因为机灵勤快又不怕吃苦，生意很快就上了手。生活自然是辛苦忙碌的，却也充满了挑战和乐趣，她喜欢这样的日子。

也是在这一年，她认识了她的先生。先生同样是温州人，家乡跟琳萍的家只隔了十几里。两人都是来北京闯世界的年轻人，有太多共同的感受，不知不觉间就走到了一起。1995 年，他们领了结婚证，转过年去，琳萍发现自己的身体里有了一个新生命。

这时的她已经离开木樨园，开始做服装相关生意了，但以后要做什么样的衣服，怎么去做，她其实还没想好。真正属于她的事业，同样还在酝酿之中。

皮草风华，逆境翱翔

1996 年，重庆，解放碑。琳萍新开的服装店就位于这个繁华的商区。

有一天，一位老乡拿了十几件皮草到店里寄卖。在此之前，琳萍还没有接触过这种衣服，她忍不住伸手摸了摸——那一刻的悸动，她至今记忆犹新。她说："皮草的那种柔软，那种温暖，就好像有一股能量，一下子就打进了我的心里！"她甚至觉得，那种能量里有一种母爱般的包容呵护，让年少时失去母亲、此刻又初为人母的她完全无法抵挡。从那时起，她就深深地爱上了皮草，也找到了自己终生的事业。

1997 年，刚生下女儿不久的琳萍飞到广州，寻找理想中的皮草货源。彼时她在皮草行业完全是个新人，没有经验、没有人脉、没有渠道，甚至没有足够的资金，但凭借对皮草发自内心的热爱和执着，她打动了业内的前辈，拿下了她看中的品牌皮草。

有人说过，当你走在正确的路上时，老天都会来帮你。对琳萍而言，皮草正是这样的一条路。

拿到代理权几个月后，她的第一家皮草专柜就在大连的国泰商场顺利开张，

方琳萍和女儿

一炮而红，其火爆程度甚至超过了琳萍的想象。她说："单价那么高的皮草，我们最高一天可以卖一百件！"

其实也不奇怪，琳萍天生就有挑衣服的好眼光，在她心爱的皮草上，这种天赋更是发挥得淋漓尽致。不同于当时主流皮草的豪横粗放，她选的皮草不但质量优良，还特别富有设计感，款式别致高雅，风格青春时尚，自然广受欢迎。

1998年，她将专柜开进了北京的百盛购物中心和中友百货，同样销售火爆，反响热烈，"柏迪"品牌就此打进了国内高端皮草市场。

此后的十几年，伴随着中国经济的腾飞和奢侈品市场的繁荣，"柏迪"皮草一路高歌猛进，不断在各大城市的顶尖商圈开设专柜，不断创下新的销售纪录，到了2010年前后，"柏迪"已经跻身业内一流名牌。

这是"柏迪"品牌起飞的黄金时代，也是国内皮草市场高速发展的黄金时代。琳萍总是感叹："我是遇上了一个好时代！"这话是对的，却也不完全对——站在时代的风口上，幸运的普通人也能乘势而起；但当大潮退去，寒冬袭来，唯有真正的强者才能屹立不倒。

2013年，皮草业的扩张大潮骤然退却，市场降温，需求锐减，从业者都面临着严峻的考验。正是在这样的低谷之中，琳萍走出了独一无二的发展之路。

心坚则美永驻

对于品牌发展思路的转变，琳萍后来总结说："2013 年之前，我几乎没有自己的生活，全部精力都用在做生意、做品牌上；2013 年之后，我开始把自己做成一个品牌。"

那时，面对市场的收缩，她的很多同行选择了降价竞争，力图打开中低端市场，争取更多的消费者，琳萍却没有这么做。她太爱皮草了，在这项事业上也投入了太多的心血。作为皮草挚爱者，她不愿意将自己的皮草做得更低端廉价以争取市场；作为资深从业者，她也不相信打价格战能为自己的品牌带来光明的前途。

在深思熟虑之后，她选择了一条完全相反的路径，那就是提高品牌形象，做小众精品。"高端皮草其实做不大，也不需要做大，能做好圈层消费就足够了。"

她开始有意识地拓展自己的高端社交活动圈，增加在媒体上的曝光量，她要将自己作为纽带，把"柏迪"皮草和高端消费人群更加紧密地联系在一起。

这样的策略显然是有效的，所以到了 2015 年，她做出了一个更为大胆的决定：她要以创始人的身份亲自出任"柏迪"皮草的形象代言人——从今往后，她就是"柏迪"！

也就是从那时候开始，对于琳萍来说，美，不仅是上天对她的恩赐，是她毕生的追求，也成为她最重要的事业。她要挑选、设计出最美的皮草，还要保持住自己最美的形象和状态。她要用自己的美把皮草的美、"柏迪"的美，充分地展现出来！

为了达到这个目的，几乎每一天，她都要精心地化妆、造型、拍片，在各种衣香鬓影、觥筹交错的高端聚会里留下光彩照人的形象。2021 年之后，她还开了直播，用最生动直观的形式展示自我，展示皮草的魅力。

日理万机的老板、长袖善舞的公关、风情万种的模特、魅力十足的主播……这样的任何一个角色，要做到成功都很不容易，琳萍却十年如一日地身兼数职，而且始终保持着令人难以置信的好状态，至今依然年轻美丽得宛如传奇。

她是怎么做到的？

几乎所有认识她的人都会发出这样的疑问。

琳萍的答案是：科学饮食，适度运动，以及最重要的，保持一个好心态，"好心态决定好状态，我从来不纠结，永远活在当下，永远保持热爱"。

就像她的网名"大美"——定义"美"的，是"大"，唯有强大无畏的内心，才能带来岁月不败的美丽。

"大美" 融于行

　　大美，其实最早并不是琳萍给自己起的名字。那是她在清华读 EMBA 的时候，一位同学见到她后脱口而出："我觉得你应该叫'大美'，这个名字太适合你了！"

　　适合吗？那时的琳萍并没有这种感觉。她觉得"大美"有点奇怪，有点俗气。但后来需要给自己起网名时，她却突然想起了这个名字，而且越想越觉得：没错，她就应该叫"大美"！

　　因为这个名字有种返璞归真的洒脱大气。

　　更因为在她柔美的外表之下，从来都有一个强大的自我。她的这份强大不仅表现为对待事业的热爱与坚持，也表现为对待生活的温柔和坚定。

　　都说职业女性最大的难题是家庭与事业难以兼顾，她却在拼事业的同时培养出了两个特别出色的孩子——两个孩子都是她亲手带大的，孩子成长的关键时期，正是品牌高速发展的时期，她却两边都没有放弃。日程再紧，她都会在寒暑假期间抽出时间来，带孩子们周游世界，开阔视野；工作再累，她也会把孩子们的学习放在首位，想尽办法让他们在北京接受最好的教育。

　　周末要加班怎么办？那就带着孩子们去专卖店，她在店里忙碌，孩子们在库房里玩耍休息；孩子要上课外班怎么办？那就安排在商场附近，算好时间抽空接送……几年下来，孩子们该上的课都上了，琳萍还练出了一手出神入化的好车技！

　　两个孩子也没有辜负琳萍的培养。如今，她的女儿已从设计专业全美第一的帕森斯设计学院学成归来，成为小有名气的独立设计师，还创立了自己的服装品牌；

儿子则是英国伦敦UCL研究生毕业，眼下正在他从小就喜欢的金融领域里大展身手。

孩子们跟琳萍的感情还特别好，好到丈夫都会"吃醋"。那又该怎么办呢？琳萍笑着表示，她维护家庭和谐的秘诀很简单：把孩子们当朋友，有什么事都一起商量一起复盘；把丈夫当孩子，对他的小毛病小脾气都予以理解和包容——比如吃醋的时候，当然是哄哄他啦！因此，结婚快三十年的他们，现在感情反而越来越好。

用这样的大智慧大胸怀赢得家庭的美好幸福，何尝不是"大美"的真谛呢？

但琳萍对"大美"的理解还不仅于此。她曾说："美是慈悲，美是付出。"

她也是这么做的。

方琳萍和家人

大美寓于慈怀

在公益慈善领域，琳萍从来不吝付出。

身为"柏迪"皮草的代言人，她的日常工作之一，就是参加各类公益活动，为慈善事业添砖加瓦，而她总是力图做得更多。例如，在2021年的"方信之夜"主题慈善晚宴上，她就担任了活动的主持人，通过拍卖筹集的善款超过20万元。

2020年年初，因疫情被封控在家的琳萍读到了一篇关于胆道闭锁患儿的报道，患儿们的处境深深地触动了她，她下定决心要帮助这些可怜的孩子。等到疫情稍一好转，她就带领公司发起了"且燃微光映苍穹"的爱心集市慈善义卖活动，此后又亲自联系相关部门，核实患儿情况，再将善款直接打入医院账户，以保证每一分善款都用在患儿的手术和康复上。

此后，她每年都会举办两到三场这样的爱心集市。从发动朋友们参与爱心拍卖，到最后善款落实、患儿回访，她都亲力亲为，其间的辛苦和麻烦自然是数不胜数。但看到那一个个重新恢复健康的孩子，那一个个重新获得幸福的家庭，琳萍觉得，她所有的付出都已经得到了回报。

对于她的做法，朋友们当然是支持的，但也有人觉得拿东西到集市上拍卖太麻烦，希望直接捐钱，琳萍对此都予以了谢绝。因为在她看来，捐钱是最容易的，也是最空洞的，她之所以举办爱心集市，目的不仅仅是筹集善款，更是要把身边的人发动起来，让他们亲自参与慈善活动，亲身感受其中的辛苦和收获，这样才能让越来越多的人加入慈善公益的队伍。

就如集市的名字"且燃微光映苍穹"——当越来越多微小的火焰被点燃，天空才会变得越来越明亮！

正是出于同样的考虑，2022年，琳萍欣然加入了环球夫人的大家庭。因为这里有美，更有爱——在比赛的舞台上，所有的女性都能尽情展示自己的美好，绽放女性的魅力，而在舞台下，大家更是亲密携手，共同参与慈善公益活动，给需要帮助的人送去温暖和爱心。

这是大美，也是大爱。美爱同行，正是琳萍毕生的追求。

"天下更无花胜此，人间偏得贵相宜。"在这一年的赛场上，琳萍众望所归地拿下了上海赛区冠军，舞台上的她，将东方女性的美丽优雅展示得淋漓尽致，舞台下的她，也必将在这条美爱同行的路上走得更远。

王征

生命不息　征程不止

　　对于王征来说，那些冒着金光的财富可能不如她对生活的探索来得更有意义，她更爱生活中那些鲜活的、未知的探险与体验，她更爱自己的生命是怒放的，是彩色的，是浪花拍打在脸上的刺痛感，也是海风吹过脸颊的清爽与自由。

　　所以，我们现在看到的王征是这样的。

　　海面上，一抹靓丽的身影像闪电一般划过，在身后留下串串浪花，翻滚的海浪托举着她，只见她逐着浪，就向远方驶去了。

自信铸就摩托艇传奇

　　王征生在北京，长在北京，是地地道道的北京人，她纯真、善良，不娇气也不做作，对人真诚又友善。外表温柔清秀，骨子里却显露出倔强与坚韧。就连特长也有着强烈的反差：画画、手工和体育。静与动相互融合着。

　　记忆中，家门口的那棵大槐树是那么的高，风吹动树叶发出沙沙的声响悦耳动听。爬上树，小脚丫用力一蹬，屁股坐在旁侧伸出的粗枝丫上就能眺望到很远的地方。

　　那时候的小孩子也是自由自在的，没有那么多课业的束缚，整条街巷都能听到他们的奔跑声、欢笑声。

　　父亲会武术，给王征取名"征"字，像她的名字一样性格上带点男孩子的率真不羁和独立。王征从小便幻想着自己可以做一个有情有义、执杖天涯的侠女，便总是跟着父亲房前屋后地跑，希望父亲也可以教自己伸展下拳脚。父亲上房顶，她也像个男孩一样跟着一起上房顶，小小的她被爸爸一把薅起，咯咯的笑声和爸爸的喊声交织在一起，那是回荡在童年时期最动听的乐章。

　　当然，父母给予的远不只是童年的自由与欢乐，更多的是对小王征的信任。

　　"我的父母会尊重我做出的每一个选择，我是他们眼里最棒的女儿！"

　　在父母鼓励式的教育下，小王征对所有新鲜的事物都永远充满着激情和兴趣，尤其是在体育运动方面。大概是受父亲的影响，没有刻意的培养和训练，王征从小的体育成绩就比别的同学要突出很多。一年级时就被选入校体队，小小年纪就代表学校多次参加比赛，为了训练经常牺牲自己的课余时间。

即便是后来随着课业的增加不得不放弃了自己的运动爱好，但是，这种小小年纪就打下的运动基础还是精准地扶持到了现在她所爱好的摩托艇竞技赛事中。任何努力和付出都将以另一种方式来承载。

当然，此时的小王征是浑然未知的，在几十年后的现在，她会成为摩托艇竞技界中传奇般的存在。

王征参加摩托艇比赛现场

勇敢为翼，率先享受缤纷世界

　　都说勇敢的人先享受世界，王征就是这样，凭借着敢拼敢闯的劲儿，比别人率先享受过这五彩斑斓的世界。

　　因为时刻会保持着一颗激情澎湃的猎奇心，所以，遇见摩托艇对于王征来说并不是意外，更像是顺其自然发生的一样。

　　2014年，王征首次在秦皇岛遇见摩托艇水上运动，感受了一把在水面上疾驰带来的刺激和欢乐，对此产生了浓厚的兴趣。不仅是她，连同爱人也喜欢上了这项水上竞技运动。"其实我先生是我的摩托艇运动的引路人，哈哈！"王征说，"是他首先教会我怎么骑，然后我在水上的时候还总喜欢给我拍照，因为我们俩都很喜欢，所以2015年干脆就买了一艘游艇！"

　　与专业摩托艇赛事正式结缘始于最开始的一个无心的小举动。

　　"记得当时我们就已经在一个摩托艇的玩家群里，他喜欢把我骑摩托艇的照片分享到群里，就这样吸引了一位有心的专业赛手找到了我。"

王征（右二）参加"2022中国摩托艇联赛宁夏沙湖大奖赛"，获得男女混合冠军

张磊便是引领着王征参与摩托艇赛事的第一位专业教练。他欣赏王征身上带着一股子摩托艇新人不曾有过的勇猛劲儿！他看到照片中王征驾驭着摩托艇速度飞快地过弯儿，加之又是女生，他觉得这是天赋！是名不可多得的女赛手。

2016 年，王征参加了一场小型比赛，并被张磊介绍给了当时他们赛队的老板，2017 年进入了北京的这个赛队，开始了长达八年水上的乘风破浪。其间，王征在摩托艇赛事上的成长速度惊人，凡是有她在的赛场，总是能掀起阵阵热浪，让人热血沸腾，处处是惊叹和欢呼。

2019 年，王征在全国锦标赛上被评选为国家级运动健将，同年第一次打败男性选手登上冠军的领奖台，成为中国摩托艇男女混合赛制中第一位女冠军；2020 年，她代表国家摩托艇队线上为"国际奥林匹克日"助力；2021 年，代表国家摩托艇队参加全国体育各项目国家队"祖国在我心中"的演讲，荣获优秀奖；2020 年和 2021 年连续两年入选国家队，参加国家队集训；2020 年，在"家年华·金色漫城 2020 中国鄢陵鹤鸣湖摩托艇公开赛"GP4 女子组中获得冠军；2021 年，在"第十届中国摩托艇联赛蚩尤九黎城杯重庆彭水大奖赛"RL3 竞速赛公开组中获得冠军；2022 年，在"中国摩托艇联赛宁夏沙湖大奖赛"中获坐式水摩限制三级（RL3）公开组冠军；2023 年，在"蚩尤九黎杯"中国摩托艇联赛重庆彭水大奖赛中获得女子坐式水上摩托限制三级（RL3）竞速赛冠军；2023 年，在"中国摩托艇精英赛"女子坐式限制级 RL3 竞速赛中再次获得冠军……

在多场比赛中，她都是赛场上的女子组冠军，用自己的实力证明了女性同样可以在摩托艇赛场上取得辉煌的成绩。一场场、一次次不断挑战自我、超越极限。

逆境绽放，首战成名

"为难我的东西只能为难我一次。"这是一篇公众号中的一句话，而此刻，用它来形容王征与摩托艇的故事再合适不过。

2017年，那时的王征刚刚入行摩托艇国家级赛事，很多参与举办摩托艇赛事的俱乐部老板对于这个初出茅庐的生面孔并不看好，原因很明显，纤瘦的体形和清丽的外表让他们认为这项海上竞技运动不适合这个看起来柔弱的女孩子。

"当时赛队的老板一看见我就说，哎呀，不行，看着这么柔弱，还没有正式学过，训练过，肯定不行！"王征说："后来赛队队员王琪直接把我拉进了赛队，紧接着帮我报名了同年7月份的比赛。"

质疑的声音并没有对王征产生任何影响，但是，在为比赛做准备的训练时，王征却不幸受伤了。面部严重受伤，脸上缝了14针，四根面部动脉、肌肉神经全部断裂。当时，坚强的王征没有流一滴眼泪，接受手术治疗的医院都传遍了，有个女生玩摩托艇受伤，脸上缝了好多针。一时间王征成了医院里传奇的勇敢女孩儿，回医院拆线时还有好奇的护士专门跑来看她。

当旁人都在为这个面部受伤的女孩担忧的时候，刚拆完线的王征问医生的第一句话便是："我大概什么时候能去参加比赛？"当医生说两个月后才可以戴头盔参加比赛时，王征便马不停蹄又转战报名了9月的比赛。

由于没有女子组，所以王征只能参加男选手的公开组，恰巧组别又面临了前所未有的高人数报名，32人，这意味着将会实行淘汰赛制。其实，在了解这次比赛的赛制之后，王征自己也觉得拿名次无望。这下肯定要被淘汰了，很难进入正赛，更别说拿到名次了。"伤情刚刚恢复，开车这么远来比赛，女儿和爱人也都很支持，排位赛就被刷下来的话，就太没面子了！"王征笑着说。

而此时王征一定想不到，她将在这次比赛中首战成名。淘汰赛中，王征成功地从32名选手中脱颖而出，以第14名的成绩进入了正赛。正赛中，她又以出色的表现取得了第9名的成绩。

"其实受伤后我也有阴影，是挺害怕的，但是我平时就是会做自己觉得行的事儿，哈哈！"驾艇比赛时，王征心里一直想的是"别落水，别漏标"。"我想着多晋级，能让我多跑几轮，多练练，大老远过来了，能多跑一场是一场嘛。"一提到摩托艇的赛事王征总是会激动不已。"其实第二圈第三圈我真的觉得自己不行了，口干舌燥，呼吸都是困难的，但是还得需要我冷静再冷静，精神高度集中，以防跑错，防止被超还要超越别人，认真过好每一个标。结束的时候一下场，累得无法呼吸，手抖得磨得头盔都摘不下来，两个大拇指磨得露出了骨头，现在回想起来，当时应该完全是靠着自己的精神和毅力坚持下来的。"王征如是说着。

作为这个组别唯一的女性选手，王征的成绩让整个赛队都感到震惊、意外和惊喜，因为很多新人都会在初次上赛场时连场地都跑不明白，没有人能想到王征的首战成绩竟能如此优异，这是真正的一战成名。从此以后，摩托艇赛事界就多了一位传奇般的存在，常战常胜将军——"征姐"。

王征参加摩托艇比赛现场

家庭铸就自信善良底色

英姿飒爽驰骋在大海上的这份自信，不仅来源于王征对自己的把握，更多的一部分是家庭赋予的。

小时候，她被父母的慈爱紧紧包裹。尽管年龄小，但是家中的决策父母都会让王征参与其中，称赞、认可和肯定她做出的每个决定，她是父母眼里、心里的最优秀最棒的女儿。

就这样小王征长大了，自信且独立。

父母培养出来的自信、底气一直伴随着王征。不论是生活或者是工作上遇到挫折，王征都能凭借着这种底气顽强坚韧地挺过来。

不被挫折打倒，永远对生活保持活力，永远充满生命力，永远朝气蓬勃、元气满满，这便是王征。

这样的王征同样遇到了跟自己志趣相投的爱人，婚后和爱人共同创业，从小商店到承接会议、演出、婚礼、灯光音响工程的文化传播公司，再到如今的集影视拍摄、潜水、冲浪于一体的潜艺视水下基地，青少年音乐、潜水培训、酒吧一体的硬仕文化传媒和一家火锅店。这一路走来有艰辛，但更多的是共同的真切的经历，你会发现王征没有被三年的疫情打败，也没有停止探索生活的脚步，反而诞生了奥澜沄博体育文化发展（北京）有限公司。用她的话说："经历过风雨之后的彩虹会格外美丽；用心浇灌的小树总会枝繁叶茂，为更多的人遮风挡雨。"

特别是女儿，家庭氛围的传承使得王征的女儿也同她一样善良仗义。女儿会在看到卖儿童玩具的老爷爷时，因为同情老爷爷而想买并不适合她年龄的玩具。会故意拉着王征走地下通道去假装偶遇盲人歌手，想尽办法让妈妈买他卖的书籍，因为自己和同学曾经来过，但是由于价格昂贵没有买，所以故意引领着妈妈过来买。

"记得她上幼儿园，如果她自己喜欢的东西其他同学也喜欢，她就会选择委屈自己把它让给别人，我女儿就是这种性格，我总是觉得有的时候太过头了，这样不好，怕她会受到伤害，但是人家也特别有理地说谁让爸爸妈妈都是这样，这是遗传改不掉了，哈哈。"

水上传奇，续写摩托艇传奇

参加环球夫人大赛使王征展现出了另一面的不同。

柔美端庄的她身着华服亮相在巫山举办的第 25 届环球夫人大赛的舞台上，荣获了京津冀赛区冠军，并作为当届的"巫山旅游文化推广大使"在巫山这依山傍水的河湖中为当地拍摄了旅游宣传片。现场，华美的她同视频中在湖面上驰骋的她形成了强烈的反差，让在场的观众们不由得感叹。

环球夫人的大舞台使王征能在新的领域挑战自我、展现自我，还在这里结识了一群志同道合的姐妹，这也为她众多绮丽的经历又添了浓墨重彩的一笔。

如今的王征作为摩托艇项目的资深人士，已经在这个领域取得了许多成就和荣誉。不仅成为国家级别的优秀运动员，还担任摩托艇运动驾照的全国讲师考官，国家级的裁判员和教练员。

更值得一提的是，她还有幸被《浪花飞歌：中国摩托艇运动 60 春秋记事》这本记录和阐述中国摩托艇运动 60 年发展历程的图书收录在册。这不仅是对王征个人成绩的肯定，更是对她在摩托艇这项运动中所做的杰出贡献的高度赞扬。

这是王征在摩托艇领域的卓越地位和深远影响的展现，同样也激励着她继续为摩托艇运动的发展贡献自己的力量。她的体育公司成为全国摩托艇运动驾照考试、摩托艇教练员和动力冲浪板教练员等培训在北京的承办地，致力于推动摩托艇运动的发展，特别是通过推行摩托艇运动驾照，提高水上运动的安全性和专业性。

未来王征还想通过这些水上运动让那些在文化课学习上遇到困难的青少年学

习水上项目，通过参与比赛获得体育荣誉，进而有助于他们的学业发展，让那些在体育方面有天赋的孩子换一条能让自己发光的赛道，为青少年运动员提供更多的发展机会，保障他们的身心健康，同时也能为国家输送更多水上体育运动人才。

关于摩托艇比赛，王征表示，自己还是会留有精力放在赛事上。乘风破浪的自由是不管她在水上驰骋多少次都依然热爱的感觉。与此同时，她更会持续从事关于水上运动的幕后工作，出于对赛场的热爱，对新生代运动员的期待，我们依然会在赛场上看到王征的身影。

新生的运动员们还未能完全崭露头角，特别是女性运动员的数量仍然较少，作为资深的摩托艇运动员，王征深感自己肩负着比荣誉更重的责任，未来将带领运动员们冲出国门，冲向世界的赛场，因为热爱必将全力以赴！为国争光！体育强国我将为之努力！

生命不息，征程不止。相信不管时隔多少年再见王征，她依旧是那个活得鲜活、活得生动、活得五彩斑斓的水上征姐！

王征参加环球夫人大赛现场照

赵婧文
幸福来自给予

对于新疆，李白是这样写的："明月出天山，苍茫云海间。"

内地人可能想不到那是怎样广阔的天地，往哪个方向看都无穷无尽，可以容纳雄鹰放心地舒展翅膀，飞向——无论飞向哪里。

生在新疆的姑娘都有这种无拘无束的自由感，生命对她们来说，没有边界，没有限制。她们就像是扎根在大地上的树，无论往哪边长，都能长出一种肆意自由的喜悦，长出一脸阳光灿烂的笑容。

一棵树，长出一座雨林的丰盛。

赵婧文就是这样一个姑娘。

从边疆到北京

内地的小伙伴们很难想象新疆的农场。天山脚下，为国守边的子弟兵在广袤无垠的大地上创造出一望无际的绿色，婧文的童年就是在这些绿色中奔跑，摔倒了拍拍灰爬起来，留下一连串的笑声。

天有多高，地有多广，孩子们的乐园就有多大。

后来婧文回想起来，那种被放养的快乐，还是会从眉眼里流露。"最好玩的是去摘棉花。"她眉飞色舞地说。

去勤工俭学摘棉花的时候其实已经在读初中了，半大不小的孩子，什么都懂，也什么都不懂，一大伙人，一起哄就去了，男生一个厂房，女生一个厂房，也没有床，大伙儿都打地铺睡。

要说这环境苦是苦，但是那时候不觉得，在孩子眼里，这就是个大的游乐场，摘棉花就是他们的游戏。

老师说，摘够 12 公斤就可以睡觉。

大家都很"听话"，上午老老实实打闹嬉戏摘棉花，中午太阳上来了，就找个阴凉的地方睡觉，到下午要过秤了，没有棉花，怎么办？

有办法的！

孩子们绕到后头，去已经称过的棉花堆里。

"……你不知道，那棉花堆高啊，要男孩子才上得去。"婧文说，"男孩子往下拨，女孩子就在下头接着，接够了就拿去称……当然，也只是偶尔，大多数时候，玩着玩着，棉花就摘够了。"

那些欢声笑语的少年时光，人玩着玩着就长大了，农场变成童年回忆。

大学毕业后，靖文去了北京。奇怪，从飞机上下来，踏上这片土地开始，她就有个念头，她觉得这不是异乡，她就该在这里，这个让她心生欢喜的地方，就是她新的故乡。

有人说"一见钟情"，靖文大概就是对北京一见钟情了吧。她留在北京，在这里扎根，长成一片热带雨林。

与高尔夫的十年幸运旅途

　　遇见高尔夫球是个意外，对婧文来说，更是个惊喜。她从前跳体操，拿过很多奖，团体的、个人的，但是从她看到高尔夫球的第一眼，就和她看到北京的第一眼一样，她知道，就是它了。

　　现在婧文每年依然要打将近 150 场球。"今年只剩两个月了，"婧文说，"今年才打了 120 场，剩下 30 场，我要努力去打满！"

　　因为这份热爱，婧文进了民生银行，2010 年开始负责全国高尔夫球赛，她在这行干了足足十年，在她的记忆里，她总拖着行李箱奔赴不同的国家和城市，成都、西安、青岛、大连……每个城市都留下她的足迹。

　　每个城市都给婧文带来美好的体验，成都的安逸、西安的古老与时尚、青岛的美食和大连的海，她像个发光体，到哪里都会吸引到很多朋友，在不同的城市，一起吃、一起玩、一起打球。

　　婧文很清楚城市的哪些地方最美，她总带着摄影师，留下她最美好时候的样子。你要问她什么时候是最好的，她也许会回答你："现在。"任何一个时候的婧文，都是她自己最满意的样子。

　　婧文对工作报以热情，工作也没有辜负她，同事们总说她是个幸运儿，有多幸运呢？每年年初做比赛计划的时候，并不能预知一年的天气，但是每次婧文做完计划，老天爷都会让她称心如意。

　　婧文印象最深刻的是昆明。

赵婧文和朋友一起参加高尔夫球赛

　　有阵子昆明每天都下雨，雨大得像天被捅了个窟窿，没完没了，她看着天气预报都发愁，再过几天就要过去打比赛了，这雨要是不停怎么办？她没想好怎么办，定好了地方，定好了酒店，也不能不去。

　　但是奇迹就这么发生了：从落地开始，天就放晴了，像哭累了的孩子想消停几天。这几天的高尔夫球比赛打得火热，各方都满意。一行人一上飞机，哗！又开始了，还不只是雨，而是雨夹雪。

　　"你知道昆明这地儿下雪得有多稀罕吗？"婧文现在想起来，都不知道是庆幸还是后怕，"比我们迟去几天的同行都要哭了，别说比赛了，周边羽绒服都被抢光了，一个个冷得像寒号鸟。"

　　这样的好运气，伴随着她在民生银行工作了整整十年。

幸运双宝与智慧妈妈

　　婧文非常喜欢她的工作，辞职，一方面是因为大环境和心境的改变，另一方面也是因为她有了两个小宝贝。

　　在做母亲这件事上，婧文依然幸运极了。她有一对聪明漂亮的双胞胎女儿，每次说到她们，婧文眉眼里都透出喜悦："你信吗？孩子过生日，我都想给她们写感谢信！"

　　都说双胞胎很容易生病，但是婧文的这对宝贝女儿不但很少生病，还特别懂事好带。婧文从养育初始就决定，要用科学的方式让孩子们自立自强，两个小宝贝配合度极高，甚至成长得比她想象的还要快——五个月断夜奶，两岁断尿不湿，3岁会自己穿衣服、刷牙、洗脸，6岁已经会洗自己的贴身小衣服了。

　　婧文喜欢带孩子出门旅行，日本、新加坡……"你知道吗？我朋友带孩子出门，一个孩子要三个大人才照顾得过来！我呢？我一个人能带俩！"婧文得意地说，"不是我厉害，是我的宝贝们厉害！"

　　新加坡十天，这对很厉害的小宝贝全程自理，自个儿收拾床，自个儿叠睡衣，婧文几乎是个甩手掌柜，能做个懒妈的幸运，谁做谁知道！

　　慢慢地，孩子就长大了。

　　婧文从不鸡娃，她自己是被放养长大的，她也想给孩子一个同样快乐的童年，所以选了家门口的学校，让孩子睡到自然醒。

　　兴趣爱好也从不过度安排，外语、游泳、芭蕾、书法，都引导孩子自己决定，孩子们有自己的主张，她们喜欢舞蹈，但不喜欢芭蕾，婧文就去掉芭蕾课，换成孩子们喜欢的舞蹈课。孩子们自己把时间安排得满满当当。婧文说，一代人有一代人的快乐，兴趣才是最好的老师。

孩子们渐渐长大，一直很黏妈妈，婧文在给予她们足够的陪伴之余，也始终保持着自我的学习和成长。

赵婧文和双胞胎女儿

精油奇缘，由爱好到使命

　　就像当初对北京和高尔夫球的感觉一样，婧文对精油也是一见钟情，遇上精油爱上芳香疗法。起初只是爱好，并为此进行了长时间大量的研学。但后来选择了芳香疗法治疗师作为新的职业，却是因为一个契机给她的反思。

　　她忘不了 2019 年那场来势汹汹的流感，很少生病的两个宝贝同时中招了。

　　那天，两个孩子从早教中心回来就先后发烧，高烧不退，去医院验血，诊断老大是甲型流感病毒合并细菌感染，老二是甲型流感。孩子的体温一直退不下来，她想喂孩子退烧药，但孩子因为从没吃过药，挣扎得厉害，姥姥、妈妈加上阿姨三个人一起喂都没有成功。孩子捂着嘴哭着说："妈妈，我不吃药，我不吃药……妈妈你给我抹油油吧……"

　　孩子说的油就是精油，用于芳香疗法治疗级别的精油。

　　从两个孩子出生，婧文就一直用精油给孩子们调理身体，孩子们耳濡目染，也知道感冒了用茶树精油泡澡，嗓子疼用薄荷精油，磕了碰了用薰衣草精油，过敏了用罗马洋甘菊精油……孩子们的小病小痛，用精油效果总是很好。但遇到高烧不退，

赵婧文（中）担任精油协会培训学校校长，与培训学员合影

婧文也慌了手脚，希望西药能有立竿见影的效果，然后再用精油辅助。可是孩子怎么都不肯吃药，恳求她只用精油，于是她决定给孩子们全程用精油，2—4 小时就全身涂抹一次精油，提高免疫、抗菌消炎和退烧的精油交替使用，配合一些通经络和退烧的手法，结果孩子的烧真的退了下来，五天之后，两个宝贝痊愈了。

看到重新活力四射的孩子，婧文心里充满了感恩，孩子的健康是妈妈最在意的事情。她突然想到其他的妈妈，想到她们在孩子生病时的焦虑不堪、手足无措，想到她们无能为力的茫然和痛苦。婧文油然而生的责任感和同理心，让她决定把这份感恩和幸运传递下去，她立志要教会更多妈妈学会芳香疗法，让每个人都变成"super 妈咪"，在孩子遇到健康问题的时候不再手足无措。

婧文正式开始了芳香疗法的教育和咨询事业，她很快就组成了自己的团队，凭借自己的真诚和热情，赢得了很多的同路人，也赢得了自己的成长。从前的婧文并不擅长公开演讲，而现在，她能够站在讲台上落落大方地一讲就是半天。

对于早已实现了财富自由的婧文来说，人生的意义，更多在于找到自己的使命和责任，能把知识和健康分享给更多的人，和志同道合的伙伴共同成长。

赵婧文（中）和"芳香天使们"合影

绽放环球之美

婧文很乐观，她总是说："我是一个运气特别好的人。"因为她有热爱的工作、有可爱的女儿、有合拍的朋友，以及同样重要的，她总会遇到对她特别好的人。

她非常感恩每次在她需要帮助时义无反顾伸出援手的朋友们。哪怕是数百万资金的周转，朋友都是爽快地帮忙。还记得一个暴雨的晚上，孩子和姥姥被困在了补习班，她又在外地出差，只能向邻居妹妹求助，邻居二话不说放下手头的事马上开车去接回了她们，还告诉婧文："姐，以后有什么事尽管跟我说！"

"我认识的人真的都太好了！"婧文感叹。

而朋友们说起婧文同样会感叹："她是一个特别好、特别愿意帮助别人的人——不光是对我们这些朋友，就算对陌生人、对保安、对快递小哥，也一样，她对所有的人都好！"——所以你看，这世上并没有无缘无故的好运，能量总是守恒的，爱与善意也是，得到无数帮助的人，早已默默地帮助了无数人。

除了帮助身边的人之外，婧文也经常做一些慈善项目，慢慢地，她发现有的慈善项目是能立竿见影的，比如捐助儿童心脏手术，预后指标非常明确。但是她更佩服的是，一些短期内难以看到效果的，甚至是预后未知的项目，比如帮助自闭症儿童的项目，比如捐助儿童血液肿瘤项目。

婧文渐渐地就更倾向于这样一种慈善：它未必能在短时间内看到效果，但是你捐出去的每笔钱，你都能看到下落，看到它实实在在用在了需要帮助的人身上，这让她觉得安心和喜悦。

她不需要名，也不需要利，但是她希望得到这样的安心和喜悦。婧文的慈善捐赠持续了很多年，她也积极努力地去影响更多的人，然后她在环球夫人这个平台上找到了同频的伙伴。

　　从2016年开始，就有人和婧文说，有环球夫人这么个平台"特别适合你"。婧文不知道为什么大家都这么说，但是后来她了解之后发现了，大家说得对，这个平台，确实特别适合她。这是一群美丽而有智慧的女性聚集在一起，分享自己的工作和生活，发挥各自的能量，帮助别人，成就自己的平台。

　　婧文记得，环球夫人的一些慈善项目是去探望老人和孩子，这个平台并不鼓励捐款，哪怕有人要捐，也会限制数目。婧文当时转了五千元，被退了回来，"不能超过两千。"负责人说，"不能让做慈善成为压力，而应该让它成为喜悦。"

　　2023年的活动在重庆巫山。婧文为此做了充分的准备。"做环球夫人，我是认真的！"婧文的宗旨一向是要么不做，要做就做到最好。她找了专业的老师，学习台步、锻炼形体，学习跳舞，她要以自己最好的状态，来展现中华文化、传统之美。

　　她也做到了。她还计划着来年——"来年，我要介绍更多的姐妹，加入环球夫人的大家庭，让大家都能遇见更好的自己！"

　　婧文的脸上洋溢着温暖的笑，"我要让世界看见我们，让世界看见中国女性之美，看见中国女性在过去30年里的快速生长——看见我，看见我们，是怎样在无拘无束的天空下，由一棵棵小树长成一片丰盛而美丽的雨林"。

赵婧文参加环球夫人大赛现场照

道明德詩書有幸興家

谭绯

挥毫泼墨书春秋　国粹潋滟逸芳华

　　课堂上，通过解析简单的"人"字，她告诉学生："一撇一捺是教我们走好两条道——孝道和师道。为什么要尊师敬长，是因为他们一个给了我们生命，另一个给了我们慧命。"纵贯中华文明的汉字，是中华文化的载体，也是凝聚着我们文化的精髓所在，所以，谭绯认真传道解惑，教书育人，将老祖宗留下的智慧尽己所能地传承传授。

　　谭绯——字如其人，不卑不亢，逆境中成长，挥毫出不凡人生。她豁达优雅，秉着不忘初心、方得始终的原则传承着中华文化；以"由字入道，明道立德"的校训，教授出一批批书法传承人。她一生以墨香为伴，书写出"碑帖兼容造我法，传承国粹绽芳华"的传奇。

缘起，
从热爱到传承中国书法文化

中华民族有着绵延五千年的文明史，在时间的历练下，沉淀出了深厚的历史文化底蕴，而从古至今流传下来的书法就是中华文化中的重要组成部分。挥毫落纸如云烟，历史长河中，代代名家身体力行地传承着这一文化瑰宝，而谭绯也仿若命中之人一般，从小便与书法结下了深深的缘分。

出生于辽宁沈阳的谭绯，颇有北方人的然性疏旷，不拘小节，自幼受父熏陶，以笔墨相伴，让她在言谈举止间多了份厚重的文雅之气。

从小耳濡目染笔墨书法，谭绯过早地显现出了对于书法的天赋和热爱。她一路学习书法，还在读大学的时候，就已经有能力去课外辅导学生了。

毕业之后，谭绯供职于一家事业单位，虽然工作稳定，但是面对日复一日不断重复的生活，她总觉得缺少点激情和挑战，想要打破这种生活的她毅然决然地选择了辞职。书法是她始终割舍不掉的热爱，辞职后的谭绯便全身心投入了书法教育的行列之中。

辗转几年从事书法教育的过程中，谭绯编撰了自己的一套书法教材，最开始的一对一跑课式教学不需要独立的教学场地，但是面对着学生数量的日渐增多，也激发了谭绯想要壮大自己教学体系，将其做成正规学校的想法。

2008 年，是转折的一年，也是谭绯将对书法的热爱转变为对中国文化传承的一年。

2008 年，韩国欲将中国书法申遗并使用"书艺"的名称，这个新闻令谭绯感到震惊和疑惑，中国老祖宗传承下来的东西，怎么就成了别人的？

于是，谭绯萌生了把中国传统文化加入书法的教学当中去，她从自己的学生抓起，重视起对传统文化的传承和普及。

缘分使然，恰巧，谭绯受其师姚哲成老先生之托，接手了沈阳市书法艺术培训学校。谭绯是姚老先生看着长大的，谭绯对于书法的精专他有目共睹，几年独自从事书法跑课生涯，艰难之上也从未放弃对书法的追求和热爱，由她主编的书法系列教材也荣登教育部书目。谭绯的这份坚毅与成就姚老先生看在眼里，期许之余只对谭绯说了"好好干"三个字。

为继承姚老先生衣钵，谭绯的肩上更多了一份对于书法这一中国文化传承的责任。

谷底，
至暗十年仍坚毅成长

　　理想之路向来不是坦途，也唯有坚持到终点的人才得以配上鲜花相送，而谭绯就是最后那个手捧鲜花的人。

　　"印象最深刻的是2001年，中国加入了WTO，马上就掀起了一股英语热，大家都赶忙学英语去了，原先学书法的都不学了，全去补英语了。"

　　正是这个时候，谭绯顶着这股英语热将中国传统文化融入自己的教学课程中去。

　　代表中华文明的汉字，是中华文化的载体，也是凝聚着中华文化的精髓所在。在课堂上，谭绯通过解析简单的"人"字，向学生阐释道："这一撇一捺，寓意着指引我们行走在两条重要的道路上——孝道与师道。我们之所以要尊敬父母师长，是因为父母赋予了我们生命，而老师则赐予了我们知识与智慧，即慧命。"

　　她认真传道解惑，教书育人，老祖宗留下的智慧她尽己所能地传承传授。尽管如此，但有时候付出和回报未必能成正比，有些旁听的家长认为教这些升学不考的内容是在浪费孩子的时间。

　　"那时候就流行，教人打字头，来了的学生就马上能低头照着练，大家都想去速成，没有谁想着去拓展国学礼仪孝道，都认为这是浪费孩子的时间。我觉得不是，我们的校训就是'由字入道，明道立德'，我始终都要坚持这么去做。"

　　"工贵其久，业贵其专"，用心专一，持之以恒，是古往今来成就一番事业的必备品质。经过多年的努力，谭绯的学校逐渐站稳脚跟，拥有了独立的教材、教学体系和教学场所。谭绯主编的教材全部被列入了"沈阳市书法家协会推荐教材"。

她精心选拔并培训了一批来自鲁迅美术学院的书法研究生，作为第一批教师，虽然其中有些能力平平，但谭绯都亲自指导，期望他们成为优秀的教育者。

然而，谭绯此刻遭遇了不幸。在办学的关键时刻，她的重要合伙人突然背叛，给了她沉重的打击。

这位原本是她信任的朋友、合作伙伴和学校创始人之一，却在关键时刻离开，不仅带走了大量资源和师生，还自立门户。谭绯对此深感痛心："我用六年时间全方面培训出的老师，最后却离我而去，这打击实在太大了，我很长时间都难以平复。"

背叛带来的痛一直折磨了谭绯两年之久，始作俑者在这期间不停地向外输出造谣谭绯的风评。不断有家长对学校发出质疑之声，要求退费。

善良的人看世界也是温暖的，这突如其来的"恶"让她措手不及。谭绯陷入对自己的否定以及自我怀疑之中，这种惶恐让她第一次产生了放弃的想法。

好在精心培养的学生在这个时候给了她最温暖的回馈。路遥知马力，日久见人心。谭绯的教育成就有目共睹，她带出的学生在辽宁省实验书法特招中独占鳌头，前 18 名皆出自她门下。

历经风雨，谭绯多了一份豁达，困苦之中，历练了自己人生的厚度，同时也更加坚定自己的坚持是正确的。

果成，
苦尽甘来，自是强者愈强

人生因阅历而丰富，前路也因来时的坎坷变得更加顺遂。

教育部颁布的"双减"政策出台以后，谭绯的书法培训学校的收益不尽如人意。继续办学校做教育的想法陷入窘境。但是此时的谭绯已经可以独当一面，乐观待人看事。有问题就解决问题，没有钱就筹钱。她把房子卖了，因为秉承初心做教育的口碑好，大家都愿意伸出援手帮助她一把。

现在，谭绯的书法培训学校有老师 100 多名，学校规模逐渐壮大。

大环境的影响，在沈阳当地，很多谭绯的同行已经被淘汰，面对逐日减少的竞争对手，谭绯说："一直坚持到现在变成独一家，其实，实际上就是你遇到那么多困难，但还是意志坚定地在做这个事，你就胜利了。"

当问到谭绯办学路上阻碍颇多，是否有过动摇的时候，她回答："有退缩过，2018 年之前，那是最难熬的时候，就不想干了，但最终还是一路走过来了。"

谭绯能够持续办学的理由简单且纯粹，有家长的信任，也有自己对书法文化传承的责任。

谭绯在《一节课爱上书法》公益讲座上教学

在她的书法教室里，有些家庭的老大在这里完成了书法的学习，紧接着老二也踏入了这个充满墨香的世界。

他们不仅是谭绯的学生，更是她事业的见证者，20多年的一路相随，谭绯与学生以及学生家长早已达成一种无形的信任与默契。

谭绯，如今在辽宁省乃至更远的地区，因对书法的专精而声名远扬，名望与荣誉实至名归，这是她历经艰难困苦后的自然成果。

面对困境，她从不自怨自艾，而是用沉静而优雅的目光直视挑战，将一切苦难化为绕指柔，从容消散。这份能力，源自她在中国传统文化中的深厚浸润。谭绯不仅自身受益，更致力于将这种技能与能力传授给下一代。

每年，她都会带领学生前往辽宁省的孤儿院和贫困小学，进行义工服务，捐款捐物，甚至捐赠书法教室。但她的目标远不止于此，她更希望带领学生们走出国门，游学四方，深入了解中国的传统文化，开阔眼界，树立文化自信，弘扬中华文化。

如今的成就，是谭绯苦尽甘来的硕果。面对未来的坎坷与挑战，她将以强者之姿，勇往直前，继续传承和弘扬中国传统文化的精髓。

谭绯在"国画课堂"上教学

港湾，
儿子永远是最大的骄傲

儿子，是谭绯除了学生以外的另一大骄傲。

身为书香世家的传承者，谭绯在书法上造诣深厚，其教学口碑已传承数十年。在教育儿子时，她自然得心应手。令谭绯倍感欣慰的是，儿子不仅懂事好学，而且成绩斐然，从未让她费心劳力。

子若其母，儿子同谭绯一样有着坚毅果敢的性格。高中时期就只身前往英国求学，异国他乡的陌生环境并没有让他学习松懈，自己把生活打理得井井有条，还取得了非常优异的成绩。

付出即有所得，对书法文化的传承最终以另外一种方式滋养了谭绯。儿子在书法特长的加持下不负众望地获得了全额奖学金，进入了英国数一数二的高校。她不禁分享道："更令人振奋的是，他在剑桥本科学习期间表现出色，校长甚至亲自为他写了推荐信。"

谭绯受邀在意大利罗马国际艺术学院做讲座

谭绯的骄傲并未止步于此。儿子本科尚未毕业，就申请了五所知名学府的研究生项目，最终以出色的成绩赢得了芝加哥大学的青睐。而这所世界名校的录取通知书还未到手，全球五百强企业就已纷纷向他伸出了橄榄枝。谭绯的自豪之情溢于言表，她的儿子不仅继承了她的书法才华，更在学业和未来的道路上展现出了无限的可能。

　　不仅要奋斗好事业，同样也要兼顾好家庭。事业有成，家庭也要蒸蒸日上，这才是衡量一个人是否成功的标尺。

　　处处施与，处处回报。"我有幸在出国探望儿子的时候，被意大利罗马国际艺术学院邀请去给他们做讲座。"讲到这里，谭绯难掩激动。之后，谭绯还相继受邀去了英国国家艺术家学院做讲座，在那里同外国人宣讲自己国家的文化，这样的经历也让谭绯确定了自己往后的目标和事业发展。不只是在国内，她要到各国各校去做宣讲，凭借自己现有的能力，讲中国书法，把中华优秀传统文化传播到更远的地方。

谭绯（右一）参加儿子剑桥大学毕业典礼

幸事，
携手环球夫人书写国粹芳华

谭绯与环球夫人大赛的初识，得益于好朋友唐小杰的引荐。

"我俩是特别好的闺密，我一路见证过她的成长，见证她参加环球夫人大赛后的蜕变，感觉环球夫人大赛提供了一个可以让女性去释放无限可能性的舞台。"谭绯说。

优秀女性组成的大家庭，一群志同道合的人，有将世界变得更美好的共同目标，一起成长，一起做公益，传递美好与爱心，更重要的是书法文化也有了更广阔的施展空间。

在参赛过程中，谭绯全身心投入，从减肥、健身到塑形，她一丝不苟。为了在众多优秀女性中脱颖而出，她发挥了自己的特长——书法。

谭绯（左三）在第 25 届环球夫人大赛上展示原创诗词书法

谭绯在"2024中国—智利商业、科技和创新女企业家领袖研讨会"上进行现场书法表演

在赛事现场，她挥洒自如，创作出一幅4米长、1.2米宽的五言律诗，震撼了全场嘉宾和评委。

这幅作品不仅展现了谭绯扎实的书法功底，还让她荣获了第25届环球夫人大赛京津冀联动赛区的"中华传统文化推广大使"称号，实至名归。

站在这个舞台上，谭绯深感荣幸，环球夫人这个大家庭给了她无尽的惊喜，让她结识了一群志同道合的姐妹。

作为中华文化的传承者，谭绯在书法和传统文化的熏陶下，展现出了中华儿女的优雅姿态。她希望通过环球夫人这个平台，更广泛地传播和传承中华文化，让每一位华人都能感受到中华文化的底蕴和内涵，为国际舞台上的环球夫人们增添一抹独特的中国女性色彩。

邹琳静

三"就"三"创"如花绽放

　　她穿梭在艺术的星海之中，犹如一位旅者，将绚烂的色彩一一展现；在生活的重重考验中，她是经历者、见证者。她感悟生命的真谛，洞悉世间的美好事物。如今的她，以一种低调、谦逊、向上的姿态，热衷于自己喜爱的事业，如同一位卓越的雕塑家，雕琢着艺术时尚生活……她就是 2023 环球夫人京冀联动赛区总决赛优雅组民选冠军——邹琳静。

　　将邹琳静定义为一位企业家抑或是一位艺术时尚家都恰如其分，她的商业板块从最初的智能软件到地产工程，再到现在最核心的设计艺术生活美学领域，积跬步以至千里，也正是她不断丰富各项事业经验才最终成就今日她的艺术设计美学领域。而今，她在设计艺术品牌领域耕耘三位一体发展平台——ACD（Art Classic Design），这是设计、艺术、品牌三位一体的美学平台。琳静从引领团队到躬身服务用户，择物小到一个摆件、价值高到藏品挂画，乃至大到整宅景观、地理气韵，她都会用心选择精心雕琢，知行合一。于是，我们看到，她在艺术和商业交融的路上缓缓行走，看似漫不经心，实则匠心独运；看似闲庭信步，却也处处风光。

形神同构：
儿时的梦想照进现实

　　杭州西溪，隐匿在钢筋混凝土边缘的城市湿地，那里尚有农事耕作，也有当年生产建设的文化遗存。就在这块杭州最贴近自然的地方，邹琳静将自己的工作室置于其中。那是一栋三层红砖现代别墅，别墅隐于百年大树群中，让人不经意发现这是藏于大自然中的墅居群落，选此为居，是她将它作为生活与私密会客空间，而更深层的意义源于她内心深处历久弥新的记忆——回归自然！

　　"这里有茶山的自然美景，在这个负氧离子超高的天然氧吧里，我会想起小时候和小伙伴在收割后的稻田间奔跑嬉戏的场景，这可能就是乡愁吧，那些回不去的地方，总让人怀恋。"

　　时光拉回到 20 世纪 80 年代，小琳静跟着妈妈、姐姐和族内亲人一起住在浙江金华的乡下。年幼的她不懂离愁，也不清楚什么是奋斗。父母忙着在上海做生意，没办法整天陪着她。在乡下，她最好的玩伴是村落里一起长大的朋友，最好的游乐场是山坳田间，最健康的环境是乡间未经污染的空气和水。她直言，现在的很多问题在那时候并不是问题，像什么环境污染、食品安全，等等。而今，这些都需要用昂贵的代价来换取，人类离本真的状态越来越远。

　　也许是受儿时成长环境的影响，也许是骨子里亲近自然的本能，邹琳静始终喜欢天然之美，即使她无法改变大环境，但她希望能用自己的努力去营造更多的小环境——自然天工之居，作为 ACD "意墅今典" 品牌创始人，她永远践行生命第一，审美第二，科学第三……但有趣的是，邹琳静最初在大学所学专业是法律，因为她希望善良正义环绕地球，毕业后，她经历了几年三尺讲台、教书育人，之后，她毅然回归到探寻生命的未知旅途中。在她看来，活着的意义在于不断成长蜕变，于是就有了后面诸多智能化、地产工程及设计艺术等美好事物的发生，从做产品研究到下工地干活指挥，无一不流转着她的智慧。

建筑是空间艺术，雕塑是立体艺术，绘画是平面艺术，音乐是时空艺术，对于美学的深度认知可谓邹琳静在此领域深耕的收获，无法言喻！是空间穿越与意识觉悟！艺术史、设计发展及文化历史变迁，任何美学无一不从空间艺术谈起，用中国古代艺术中的专有词来形容，便是"构"，简单一字，含义颇深，深在思致，妙在情趣。这"构"，并不单指东方审美中摹写自然的意趣，也涵盖了欧美诸多流派的艺术形式。在邹琳静看来，构是建构、同构、结构，寓意着巧思、连接、秩序和呈现，这是她事业的精髓，也是她的生命哲学；是一种在多重力量间平衡游走的智慧，也是一种圆融的人生态度。"当我们长到一定的年纪，会发现一切都是最好的'构'，看上去好像毫无设计和规律，但冥冥中都有定数，而且都恰到好处。"

"我走进艺术美学设计这个领域，在别人看来是一种巧合，但对我来说是一种必然，因为这对我而言，是一种内在和外在的形神同构。"邹琳静如是作解，她说自己小时候内心对于美的触动特别强烈，跟着妈妈和姐姐不辞辛劳做各类美食、美衣，创造家里的各类陈列，等等。长大以后，她对美的感受超越了装饰的外表层面，更达到了真善哲学境界——真贴自然，善合人本。

见过邹琳静的人都知道，她的标志性装饰是帽子，那成百上千顶帽子是她独特的"社交语言"。帽子于她而言，就是她身上的雕塑之物。"让人感受美是我的本分。"她说，这也是她对于美学理念——心所想行所至——很好的诠释，对于生命要追求自然舒适、对于美学要保持品质品位，这是她对生活的态度，也成为她在工作上拥有独到内涵的彰显。

于是，我们可以理解为，她对于生命的认知与美学的热爱才成就了她美好的事业。

艺商建构：
生活美学家的人间修行

　　小径通幽，竹翠可人。庭院里山石做伴，小潭中锦鲤畅游。院子虽然不大，但布置得错落有致，惹人欢喜，山水竹浑然一体，别开生面。屋内清新雅致，既有办公场所的明快舒朗，也有宾至如归的轻松惬意，平日里，或飘着沉香烟霭，或荡着禅门妙音，俨然一派禅修好去处。但这并不是名山古刹、世外桃源，而是邹琳静除公司之外的自己的居住会客沉浸空间。很多人来到她的空间便被这清幽打动，也被邹琳静热爱生活的态度及艺术审美感染。她始终保持着平和坦荡的心态经营自己的生活与事业。她说："空间设计是一个细分领域，我们之所以能呈现最合适的作品于客户，是因为我们对团队能力强项整合得非常到位。我们好比一个导演，需要总的设计掌控能力，之后，将这种设计完美融合到整个过程。我们细节落地，躬身入局，在严格的监管下才能创造出最佳成果，这些涵盖建筑、室内、景观、陈设的有机整体，便是我们全生态链典型的总设计师综合专业领导模式的显现。"

邹琳静工作照

在全生态链设计的理念中，所有设计是一个整体。比如一座中式私宅，建筑和景观一定要体现东方美学，在方寸之间打造天人合一的精神旨趣。以书房为例，主人的艺术品位在书房中最能得到体现，于是，设计师将其打造成了宋代以降的简约风格，从色调、空间、家具、陈设到窗外风景等无不用心建构，就是为了打造一方静谧思悟之地。

"任何一点差错都会影响整个设计的意蕴，没有慧眼和匠心，很难做好。"因此，必须躬身服务、亲力亲为，因为这种在一线的感受要比听下属汇报或者看效果图真切得多。很多时候，为了一件作品落地，她会奔走于画廊、艺术馆、美术学院，也会探访那些艺术造诣很好但并不为公众所熟知的艺术家，甚至会购得艺术院校的大学生画作，以此来支持他们的艺术创作。这是邹琳静最满意的事，在她看来，连接起创作者和消费者，让艺术创作不再无人知晓、无人问津，是这个生态中最重要的闭环。

在邹琳静的眼中，做人是一场修行，既要知彼，因势利导，也要知己，刚健有为。这是一种把艺术美学的规律与人的主动作为结合得恰到好处的妙境，没有躬身入局的坚韧和终身学习的态度，是无法实现的。因此，邹琳静推崇稻盛和夫的经营策略，强调拥有高水准的人生观，实则正是暗合了她修行于人间的个人信仰。

邹琳静和女儿

人我重构：
把自己活成艺术

　　人生有低谷是常事，但对于邹琳静而言，她唯一的坚持就是去解决，去努力改变态度。她说该放下的时候就要放下，永远以平和的心态去接纳一切；她说人生最需要的是坚如钢的信仰，于是她在信仰的路上不断修心养性，如她所愿，佛音如水，潺潺入心，给她带来了无尽的智慧。

　　如今，邹琳静已经完全接受自己的际遇，有时候，她甚至能深刻地认识到，现在的自己是由许多不同的经历和机缘共同塑造而成的，那些曾经以为的遗憾、骄傲，都不再是她的羁绊，她也不会再用非此即彼的二元对立的方式来看待她所处的世界。用一位智者的话说："人没有坏人，天气没有坏天气，事情没有坏事情，随处是净土。"

邹琳静参加 2023 环球夫人大赛北京赛区总决赛

邹琳静在 2023 环球夫人大赛北京赛区总决赛上进行大提琴表演

　　从小到大，邹琳静是在非常宽松的环境下长大的，父母很少干涉她的决定，但一定会支持她的决定！智慧的父母让她一直受益匪浅，有了这样的父母加持，人生无形中有了更大的力量。她说："能把喜欢的事拿来当事业来经营是人生最大的福报，也是最幸福的。"这样一来，山峰便不必找人，而是人找山峰，而她要做的，就是构一斗室，相伴山斋，内设茶具，静待高朋。想来，那必是一种艺术的生活，也是一种艺术的境界。

　　和邹琳静聊天，好像存在着一种天然的律动，她时而急珠落玉盘，会用很快的语速把一些话说清楚；时而寥寥数语，尽是弦外之音绕梁不绝。访谈下来，我更觉得邹琳静就像一座中国古代园林，她有高低起伏，有隐有藏，时动时静，有节奏，宜细赏。和她相处，你会被她身上那种悠闲和优雅打动，就像一首诗、一幅画，对她的感受也不能匆匆而来，急急而去，宜久处，宜静思，终究耐人寻味。

王炎平

做永远高翔的"小燕子"

　　王炎平的网络 IP 是"健身教练老燕子",但其实她更像"穿径衔泥漾好春,翩翩斗舞羽毛新"的新燕,她有故事,但不以过往自居,她不讲大道理,更愿意躬身入局。于是,我们面前的她蓬勃向上、生机充盈,通透却不看透,永远把自己活在"进行时"里,满满的能量,满满的启发和激励。

　　45 岁放弃国企基层干部身份只身闯荡北京,52 岁靠自己的努力购得海淀学区房,如今,每天早上 6 点,63 岁的健身教练王炎平在直播间里带两千人举铁练肌肉,带练一个小时后,7 点开始,她会坐在镜头前答疑。这是很多"粉丝"一天的"兴奋剂",因为王炎平把一些人想做又不敢做、做了也不用心的心态拿捏得清清楚楚,她在镜头前嬉笑怒骂,忙得不亦乐乎。

活出自我：永远向上生长

　　王炎平是幸运的，她出生在一个光荣进取的家庭里，父亲参加过朝鲜战争，虽然文化水平不高，却自学不辍，不仅做了当地一所学校的校长，写的文章也曾在报纸上发表。而对她而言，父亲培养了她的男子气概，"小时候，我爸每天早上天不亮就带我跑步操练，教我擒拿格斗"。而母亲留给她的是自尊独立，她告诉王炎平，不要做手心向上的人，向人讨来的生活并不幸福。

　　但是，幸运的人生不等于一帆风顺。在王炎平的记忆里，父母亲的身体都不好，特别是父亲患有严重的肺结核，经常夜里发作，要去医院抢救。自八九岁起，不管春夏秋冬，她经常要大半夜满大街找能拉父亲去医院的车，到了医院也要配合医生忙前忙后。"那些医生和司机都很惊讶，怎么是个小女孩在操持这些事，家里面没有其他大人或者男生吗？"王炎平说得风轻云淡，其实在那时，她把整个家都扛在了肩上。

　　后来，王炎平进厂上了班，但她还是要和两个弟弟一起，为父母的健康求医问药、东奔西跑，于是，她的考勤难免受到一定的影响。在那个没有把绩效作为考核人才标准的年代，王炎平虽然能力突出、业务精湛，但她深知，自己在家乡的事业不过如此，一种到更大天地看看的想法逐渐萌生了。

　　1996 年，父亲离世。悲伤之余，王炎平也深深感受到健康的重要性，她不想让女儿走自己半夜求车寻医、被迫腾出大量时间照顾病患的老路，就一直思量着怎么更健康地生活。有天晚上，她散步到家附近的市体育中心，那里放着节奏很强的音乐，走近看是一群人在练健美操。王炎平一下子来了兴趣，竟然咬咬牙拿出 30 元钱办了张季卡。而这钱是她当时月工资的三分之一。

进了学操班，从小就运动能力出众的王炎平一下子开窍了，没多久，正赶上教练没到场，班上的负责人知道王炎平练得不错，就临时让她领操。事后，其他学员都向负责人反映说王炎平挺不错，口令准确、动作到位，于是，机缘巧合之间，王炎平便成了一名健美操领操员。

那时的王炎平不曾想到，10 年后，她会带着这项健美技术去北京，拉开人生崭新的一幕。

2006 年，王炎平 45 岁，因为不想再过看得见尽头的国企生活，她办理了内退，提前跑到女儿特别想去的北京闯。住在北五环外的农村平房里，睡着两条长凳搭成的床，连上厕所都要到村里的公厕，她不怕，也不觉得有什么问题。她说："这对于我们吃过苦的人来说算不了什么，我真正的收获是北京让我的认知大大提升了。"王炎平不会多说一句自己的不易，她总有千帆过尽的淡定从容。

如今，每天的直播是王炎平对现实的掌控，这让她安心、开心。但流量和收益并没有让她停滞不前，她的目光一直在远方。她的新书《人生不设限》即将面世，出版方相信，王炎平的经历会给更多人带去启发，就像她直播间里的观众一样，每个人都会从她身上照见自己，获得更多的能量和勇气。下一步，她打算和伙伴们去南极旅行，也在筹备开房车去游览大好河山。王炎平曾经在女儿面前夸口："你妈是个有故事的人。"其实，现在的她正在每天谱写新的故事。

王炎平日常健身照

身为女性：欢快而不失力量

    "女性"这个词对王炎平来说是曲折的，从做惯了英气十足的"硬派女人"到逐渐开始认识到温和沉静的力量，她自己成了女性觉醒和成长的鲜活案例。

    王炎平是家里的大姐，她还有两个弟弟。印象中，她小时候没有女孩专属的衣服，因为她穿小的衣服要留给弟弟们穿，于是自己的衣服都是中性的。看着那些留着长长辫子、穿着花花绿绿裙子的同龄女孩，王炎平羡慕又无奈，她真想留起长发、换掉身上的草绿色或青黑色，可是，为了家里的"整体安排"，她放弃了，也习惯了，直到现在，虽然已经担得起任何类型的"盛装"，但她也还是留着干练的短发。

    早当家的人一定是自立的，这成了王炎平从小到大的生活基调。也是因为这份难得的自立，王炎平的生命里很少有"后悔"和"畏惧"两个词，但身为女性，她也充分预估了自己独自闯荡京城可能遇到的困难。

    "到北京那会儿，我就是大龄女性。"王炎平对自己的性别和年龄有清醒的认知，她甚至做好了去健身房做保洁员的准备。但是，在北京，她看到了性别和年龄的另一面，这也让她的事业有别样的开局和体会。2006年，借着北京奥运会即将举办的东风，全民健身事业走上了快车道，北京的健身房如雨后春笋蓬勃而出，教练的需求量也大幅增加。王炎平顺利地找到一份私人教练的工作，但这远远不是故事的结尾。

    "女性教练就像一把双刃剑，一方面，女性在带女性训练方面更方便；另一

方面，很多男性客户对女性教练存在着天生的刻板印象。"这让王炎平颇为困扰。不过，她总是会找到正确的方式证明自己。一次，一个体重很大的男生质疑王炎平的腿部力量，王炎平二话没说，扛起 50 千克的杠铃轻轻松松做了 10 个深蹲，从此一战成名。健身房里的人也渐渐传开了，说这个大姐不简单。

虽然获得了私人教练岗位，可真正的考验在后头。之前做教练，王炎平只教技术不销售，能力和认知上的空白让她既不懂销售，也放不下身段，总是有劲使不上。就这样熬了两个多月，虽然有点名气，但却没人愿意请她做教练，主管给她一个礼拜的时间——不出业绩就走人。

成功是被逼出来的，但也总要有一点偶然性作为调剂。深受打击的王炎平看着自己即将"下岗"的命运，索性不再那么功利，她决定单纯去教那些没有教练独自练习的人。意想不到的是，当真正把对方当成同路人而不是目标客户之后，王炎平反而放开了、真实了，她和前来锻炼的人分享健身经历和心得，找到了更多情感共鸣。就这样，在那个礼拜，她每天签约两三个客户，一跃成为当月的销售冠军，给自己和主管一个意外的收获。

身为女性和妻子，王炎平虽然事业上颇有起色，但她也直言，自己离开国企、离开家，在某种意义上是忽略了先生的想法的。回想那段日子，王炎平总有些许遗憾。当初决定去北京时，先生并没有阻拦，因为他理解妻子的性格——不出来闯不会甘心，但他也盼着王炎平在北京碰壁，这样她自己就会回来了。先生明白，在家千日好，出门万事难，家永远是温暖的港湾。后来，先生知道王炎平事业发展得很顺利，其实有些失落，但是作为情感内敛的传统男人，他从没要求王炎平回到原来的生活。

"但他心里其实挺难受的。"王炎平说，"因为他总觉得自己的妻子在外面闯出了一番事业，而自己还是走着几十年的老路，挺没面子的。"可惜的是，事业快速发展的王炎平并没有意识到自己对先生的"冷落"，她承认自己并没有照顾到先生的感受，她以为虽然天各一方，但都在各自努力，并没有问题，而现在她明白，自己不仅是创业者，更是一个男人的妻子和家庭的女主人。

如今，王炎平越来越意识到自己作为女性所拥有的温柔的力量，特别是在参加了环球夫人大赛之后，她看到了和她一样优秀的女性身上所具备的厚德载物的气质，沉稳优雅、静水深流。参赛回来之后，连直播间里的观众都感觉到了她的变化，之前"撑天撑地撑空气"的那个"老燕子"平和了，她更能站在对方的立场去思考问题，而不是强硬地输出自己的立场。

"我觉得我在回归女性。"王炎平这样评价自己。一路走来，她强势的性格让她敢打敢拼、事业有成，但她也意识到，之前急着赶路也让她错过了很多人生的风景，现在，她要慢慢地听风赏月，多些温柔、多些共情，像水一样利万物而不争，以女性特有的气质给人以鼓舞和激励。

王炎平和外孙女

作为环球夫人：知我何往

　　"女性"这个词对王炎平来说是曲折的，从做惯了英气十足的"硬派女人"，逐渐认识到人生在世，应有所往。有些人忙忙碌碌，终其一生都未曾找到自己的目标；有些人小有成就便偃旗息鼓，最终归于平庸；也有一些人目标清晰，知道自己所求为何，并为之努力，他们在红尘里热热闹闹、潇潇洒洒，仿佛是一团火，照亮着前路也温暖着他人。

　　参加了环球夫人大赛后，王炎平最大的感受是自己再次蜕变、再次成长。如果之前的她是为了在北京闯出一番事业，现在的她，则更有了一种给别人带去精神力量的责任感。她了解到，跟着自己健身的学员上到 87 岁，下到 25 岁，虽然年龄差距巨大，但她知道他们共同的痛点——对身体的陌生、对健康的渴望和对改变的恐惧。于是，她在直播间里教年轻人活出健康的生活方式，教中年人练出健康的体魄和优美的线条，教老年人改变观念、保持健康。

　　在王炎平看来，健康是一种生命教育，在人一生的各个阶段，身体素质虽然不同，但良好的心态和健康的体魄在任何时候都重要。而她，正作为一名健康传播者在行动。

　　"健康不仅是要建更多医院，更是要培养人们拥有主动保持健康的意识。虽然我的力量有限，但是我会坚持下去，直到自己做不动为止。"话虽质朴，但掷地有声。

　　为了让更多人能看到自己，她选择互联网作为连接方式。但对于王炎平来说，这才是最难的。学习写文案、剪辑视频、开直播，一切都从零开始，最开始在镜

头前战战兢兢，后来慢慢淡定从容，不知不觉间，她走了很长的路。现在，王炎平开直播已经将近两年，渐渐有了如鱼得水的自在感，她有时甚至感觉自己有天生的"网感"，会为此沾沾自喜。但是到了环球夫人的舞台后，她发现那些优秀的女性每时每刻都在学习和进步，在她们身上，仿佛有一种永远挖掘不完的潜能，以各种方式散发出来。

看到别人都在成长，这更坚定了王炎平做好健康传播的信心。她坚信，涓流汇海，聚沙成塔。她的身体力行，会感召更多的同路人，去带动越来越多的人走上健康幸福的大路。再小的力量汇集到一起，一定是改变世界的动力，而这力量，可以给处在黑暗之中的人一线光明，可以帮助陷在泥沼里的人踏上实地。

如今，王炎平每天都在朋友圈倒计时，那是她和朋友们相约去南极的日子。她擅长在平凡的生活中添加"魔法"，让日子变得有意义。有人说，不管世界如何，我们都要有最朴素的生活和最遥远的梦，哪怕明日天寒地冻。这用在翩跹飞舞、自由自在的"小燕子"王炎平身上，实在是难得的恰切。

王炎平参加环球夫人大赛中国区总决赛现场

孟杰

不忘初心　方得始终

　　在辽宁省东南部，盖州市以其肥沃的土地和丰富的自然资源而闻名。在这个充满生机的地方，有一个名为"青石岭"的小镇，它安静地坐落在郁郁葱葱的山丘和翠绿的田野之间。青石岭镇不仅是一片丰饶的土地，也是朴实的人们安居乐业的家园。勤劳善良的居民们或许从未想到，在这个祖祖辈辈生活的小天地里，如今竟走出了一位环球夫人，她的名字叫孟杰。

　　孟杰是土生土长的盖州青石岭人，勤劳坚韧，敢想敢干。一提起她的名字，十里八乡，童叟皆知。大家总是说："她可是个好人，致富不忘乡亲。"话语简单质朴，赞赏之情却溢于言表。熟悉她的人都知道，她不仅是一位成功的女性企业家，更是一位无私的乡村建设者，而她的故事则如同绽放在田野上的夏花，美好、绚烂、生生不息。

回到小时候，创造新历史

　　孟杰出生在商家台村，一个典型的东北乡村。那里的生活慢慢悠悠，人们世代务农，日出而作，日落而息，守着一方土地耕种着、收获着。孟杰家也不例外，父母都是朴实的农民，一家人依赖于脚下的这片土地。在她的记忆里，那时候的天很蓝、很远，好像能化解一切烦恼；那时候水井里的水清澈甘甜，每喝一口都让人神清气爽；那时候的粮食和蔬菜没有化肥和农药的污染，满满的大自然味道，尤其是家里种的玉米，又香又甜……

　　带着这样美好的记忆，小孟杰在时光的牵引下变成了一个聪明伶俐的小姑娘。因为家境并不富裕，她似乎很早就懂得了勤劳致富的道理，并展示出了过人的经营天赋——7岁那年便开始在村里的小集市上做些小买卖以补贴家用。对于她而言，童年不是玩具和游戏，而是对家庭的责任感和对生活的热爱。

　　都说穷人的孩子早当家，初中毕业后，孟杰亦是早早地走上了当家之路。破晓时分，她和父亲一起赶着马车，走村串户，在一个个村落间穿梭着，卖粮食、换米面。这样的生活虽然充满艰辛，却令她在冥冥之中受益匪浅，甚至可以说受益终身。

时光荏苒，一转眼，孟杰结了婚。婚后不久，她和丈夫商量着做起了粮食加工生意，算是遵循了成家立业的传统。在他们看来，守着这块种植粮食的理想之地，做粮食加工是个不错的选择。起初，他们只是简单地加工村里的粮食，然后卖给周边的居民；不过没过多久，这个名不见经传的小作坊就在他们的努力下发展得颇有声色。

　　在接下来的几年里，孟杰与丈夫过着勤劳充实的生活。粮食加工生意为他们带来了一份颇为稳定的收入，每当丰收的季节到来，作坊里总是忙忙碌碌，机器轰鸣，一派热火朝天的场面。生活也随之发生了很大变化，她不需要再起早贪黑，四处奔波，不需要再拿自家粮食去换米面蔬菜……尽管如此，旧时的记忆却是抹不去的，她时常想起那湛蓝的天、清澈的水和甘甜的玉米，冥冥中认定这些记忆才是自己人生中最宝贵的财富。

　　虽然粮食加工作坊经营得有声有色，但凭着自己多年做生意的直觉，孟杰意识到，传统的加工方式和销售模式终究无法满足现代消费者的需求：市场上出现了越来越多的新型粮食产品，质量上乘，包装精美；她还听说国家在提倡"科技兴农"战略，鼓励乡村居民利用现代科技提高农业生产效率，提升农产品的附加值。面对这些变化，她感受到了莫名的压力，"传统的小作坊很可能会被市场淘汰，必须改变。"她对自己说。

　　实际上，对于孟杰来说，这绝非一次普通的改变，而是她人生旅途中的一次风险与机遇并存的尝试，因为她所选择的创业之路既充满了未知和挑战，也蕴藏着无限的可能和希望。她决定从粮食加工扩展到粮食生产，向粮食产业的上下游发力。而对她来说，那种冥冥中的记忆又在潜移默化地发挥作用——她想找回以前的老味道。

她选择生产玉米。为什么是玉米？因为在她心里，那不仅是一种农作物，更是对家乡的深厚情感，是无数人的共同记忆，是她心中割舍不下的情结。为什么是老味道的玉米，因为她和她的乡亲们知道，现在的玉米没了从前的味道。人们不是要吃得更饱，而是要吃得更精、更健康、更有味道，于是，她发现了这个有趣的辩证关系："老"就是新，回到老味道就是创新。

为了重现那一抹老味道，孟杰决定踏上寻找传统玉米种子的旅程。她几乎走遍了所有可能拥有老品种种子的地方，可这些珍贵的种子仿佛与现代社会格格不入，踪影难觅。好在她没有放弃，最终在锦州市农业科学院的一个角落里找到了心心念念的、带着浓浓乡土气的种子。

当她捧起那些沉甸甸的种子时，她告诉自己，真正的征途开始了。她将种子带回了家乡，开始了新一轮的种植和研究，并将产品定位为"绿色健康老品种"，同时注册了商标"农佳嫂"。"这是我自己起的名字。"她扬起嘴角。一个质朴、传统的名字，是她所追求的感受——家乡感、淳朴感、亲切感。

"说起来已经是八年前的事了，找到种子之后，我又投资升级了工厂，引进了先进的生产加工设备，这样效率就高了很多。我特别自信，我们的玉米好吃、健康，又安全。产品上市之后很受欢迎，吃过的人都说是小时候的味道。"时隔多年，说起创业之初的感受，她恬淡的腔调中仍能听出一丝小小的骄傲与激动。

在生命的园中，每朵花的绽放都承载着一个结果的诺言。随着时间的推移，孟杰的梦想渐渐结出人生的硕果，那些散发着儿时记忆香气的玉米不仅让人们找回了失落已久的味道，也成了当地的一大特色。不畏风霜，不惧时光，她凭借对传统的尊重和对生活的坚守，开创了一片新天地，也为乡村振兴贡献了一股新力量。

共享的不只是成功，还有幸福

　　成功，不是独自攀登顶峰的孤独，而是与同行者分享的每一个脚印。幸福，不是一人独享的果实，而是和伙伴们一起播种、灌溉的田野。当孟杰的事业如同一棵茁壮成长的大树般日渐繁茂、焕发着勃勃生机时，她心中的另一颗种子又悄悄地发了芽。她说，那是一种奇异的冲动，是想要带领大家共同致富的强烈愿景，它以梦想的姿态植根在她心里，于漫长的时光里孕育着新的生命力。

　　"一个人的成功并不算真正的成功，只有当所有人都能共享成功的喜悦时，才是真正的成功。就像我经常说的，一人富，不算富；大家富，才算富。"不难理解，在孟杰眼中，乡情是一种不寻常且不可替代的情谊。这份情谊源自她对家乡的深深眷恋，对乡亲们的深厚感情。

　　新的愿景犹如一颗璀璨的明珠，照亮了她的人生道路，也照亮了这座宁静小村的未来。"我当时就想，鉴于我们村的情况，或许可以尝试新的种植模式，追求高品质的玉米，而不是单纯追求产量。但是困难有很多，比如村里以前的种植模式很散乱，品种也很混杂，很多人缺乏科学的管理方法，外加市场上玉米价格本来就很低，所以大家都瞻前顾后，很犹豫。"

　　要改变陈年旧疴绝非易事，光喊口号可不行。孟杰挨家挨户走访村民，与他们交流、探讨，争取合作。"之前有人问我怕不怕担风险，我当时说，我是在这里长大的，好政策让我有了不错的生活，我不能忘本。我有责任和义务为乡亲们做些事情。直到今天，我也是这么认为的！"这番话虽然简单，却透露出她超乎常人的智慧、勇气与责任感。

那是 2016 年的事了，合作的第一年，孟杰摸着石头过河，很苦很累，但一切都值得，她说："第一年，二十几户参加了合作社的乡亲都拿到了可观的收入，大家得到了实惠，心里都有了底，也就更相信我了，我也有了更大的动力！"从那之后，到孟杰家里拜访的人慢慢多了起来，有打算合作的乡亲，也有来谈采购的经销商，每天都充满了生机与希望。

参加合作社的乡亲越来越多，"春天量地发种子，夏天排涝又抗旱，秋天收粮又晒粮，再难的事社员一起扛"。冬去春来，村民们从不解到大力支持，孟杰心头有颇多感慨，因为她明白，唯有不断前进，才能兑现承诺，不负众望，实现共赢。

于是，她开始跑市场、找销路，开展农产品保护价收购，最大限度地降低了农户们的发展风险；到了秋天，玉米丰收入仓，她抓紧组织生产，将玉米加工成不同产品，设计不同包装。她带着产品跑超市，进社区，用尽一切方法让更多人品尝、了解产品；她让"农佳嫂"铺满了营口地区的各大商超和农贸市场；她瞅准时机利用电商、实体等渠道将产品远销广州、上海……

孟杰在农田里察看农作物生长情况

从小作坊到产业集群，再到连锁早餐店，孟杰的故事已经延续了十几年，"农佳嫂"品牌的影响力逐渐扩大，成为辽宁省乃至全国农业领域的一个亮点，公司还被评为辽宁省 AAA 级信用企业。她个人不仅当选为中国农产品流通协会的常务理事，还收获了"辽宁省巾帼建功标兵"荣誉称号，并被全国妇联授予"全国巾帼建功标兵"称号。

更难能可贵的是，在一路的砥砺前行中，她还一直默默关注着村民们的生活，将大量精力投入了公益事业中。每逢过年，她都会为贫困户送去新年红包；在营口市首届年货大集上，她捐款捐物；2020 年伊始，她慷慨解囊，对村内北道一趟街的几户家门口的路面进行了修整，把村头的垃圾场整治得干净整洁；当疫情如暴风骤雨般袭来时，她挺身而出，将企业复工复产后的第一批粮食捐赠给了疫情重灾区武汉；她为镇上养老院的老人们送去慰问金；她创建的妇女之家为村里的姐妹们提供了新的生活与希望……

回首遥望过去的十几年，孟杰为乡村人带来的不仅是担当与责任，更是一种无形的力量，激励着大家共同为了更美好的生活而努力奋斗。

村里举办的七一活动中，孟杰为小志愿者颁发荣誉证书

蝶变，以全新的姿态迎接挑战

当 2023 年的日历翻至最后一页时，孟杰怀着激动的心情走上了环球夫人京冀赛区总决赛的辉煌舞台。这里会聚着来自京津冀地区各行各业的佳丽，她们或优雅或聪慧或温婉，各自以独特的风采闪耀着。对于孟杰来说，这样的场合并不常见，甚至有些陌生，但在璀璨的聚光灯下，她的内心却充满了坚定与勇气。

在她看来，自己的脚步虽然踏在舞台上，但身影却深深地根植于那片哺育她的大地中。她代表的不仅仅是自己，更是千千万万生长在广袤田野间的乡村女性。她们可能不曾拥有过多的关注和赞誉，但她们同样能够在不同的领域里展现出真善美的风采，她们的坚韧和勤奋是乡村发展不可或缺的力量。

在一片热烈的掌声中，这位荣获"乡村振兴榜样人物"的杰出女性缓缓走上领奖台。尽管心中有着难以言说的忐忑，但她的眼神却闪烁着独特的光芒，她用自己的方式告诉我们，乡村女性正以全新的姿态迎接着挑战，书写着属于自己的辉煌篇章。

孟杰参加会议现场照

"很多人称赞我是'女强人'，说我在乡村振兴的道路上取得了不凡的成绩，我确实为此感到骄傲和自豪，但我很清楚，我的成绩并非我个人的功劳，它属于我的家人，我的家乡。"在接受采访时，她用最朴实无华的话语分享了心声，"如果没有家人的理解，没有乡亲们的支持，我就不会有今天的成绩，我真诚地感谢他们。我还要感谢环球夫人大赛组委会，是她们给了我这样的机会，让我能够以这样的方式激励更多乡村女人，让她们看到自身的价值，让她们明白自己也可以大有作为。"

　　在谈及未来的规划和憧憬时，孟杰莞尔一笑，"我会一直朝着梦想迈进，身为女性，我不但要证明自己的价值，更要展示出'半边天'的力量，而我相信自己有能力和决心去实现目标"。从她的眼神中可以看到一种信念，一种即便前路艰险仍要勇往直前的信念。

　　毋庸置疑，孟杰是环球夫人舞台上与众不同的存在。她用自己的智慧和汗水书写了一段人生的美丽蝶变，她的身影在希望的田野上熠熠生辉，她的名字是乡村创业、共同致富的代名词，她的精神将激励后来者，她让我们看到一种不同寻常的美丽、智慧、大爱与成功，看到新时代的曙光照耀着祖国的每一寸土地，新机遇的风吹拂着每一个角落。在这样的时代里，乡村女性也正以自己的方式展现出不同以往的光芒。她们不再只是家庭的守护者，更是化身为社会的建设者，用自己的智慧和勤劳推动着乡村的振兴，如孟杰那般。

黄承艳
一只飞翔在土家山寨上空的"燕子"

　　走出大山，回到大山，反哺那座养育自己长大的"大山"。她像一只燕子，不知疲倦，纵然外面的世界如此缤纷绚烂，也依旧阻挡不了她那对为归巢而奋力呼扇而起的翅膀。

　　"族望留原籍，家贫走他乡"，这句常被长辈用以劝慰困境晚辈的话语，在黄承艳这里却得到了截然不同的回应。她来自风景秀丽的重庆巫山，那个被誉为神女故乡的地方，毕业于西南大学，投身于公益事业长达八年之久。

燕归巢，是反哺

其实相比而言，小时候的黄承艳比同龄人吃过更多的苦。出生三天，养父母在桥头抱回呱呱坠地却无人养育的黄承艳；四年后患有残疾的养父因病去世；7 岁时，她和养母的小家被冰雹摧毁，从此和养母流离失所，搬了八次家，住废弃的烤烟房、废弃的乡政府、粮站、地下室……这些，都是她经历过的苦。

黄承艳说："小时候虽然条件艰苦，但是我也顺利地上了学，并且走出来见到了外面的世界，这些跟我成长路上遇到的那些人有着很大的关系，他们扶持我、帮助我，让我看世界，让我长见识，这一股力量拉着我往更好的方向走，让我相信，这个世界是美好的！"

如今，她长大成人，在城市上过学，也工作过，她比谁都明白大城市能给年轻人更多机会。正常来讲，黄承艳是要留在城市中开始新生活的，但就是因为见过了世面、见过了繁华，才更想要回到最初那个最淳朴也最艰辛的地方。因为自己淋过雨，所以回到家乡为别人撑把伞的愿望也会更加热切，更重要的是，她觉得回到基层建设更好的生活环境也是她该做的！

虽苦也甜，
是感恩也是回馈

经历了种种困苦，黄承艳的成长之路虽布满荆棘，却也因无数温暖人心的善举而熠熠生辉。正是这些来自家人、邻里、师长乃至陌生人的关爱与帮助，如同一盏盏明灯，照亮了她前行的道路，也悄然在她心中种下了感恩与回馈的种子。

4 岁的时候，残疾的养父在抱了小小的黄承艳一整天之后，抱憾离世。家中从此只剩养母和她，家中贫瘠，养父无处可安葬，黄氏家族里面有个叔叔，他站出来组织家族的人筹物资，村集体又从村里列支了一笔经费购置了棺材，敲锣打鼓地帮助她和养母将养父安葬，入土为安。

就是这件事，第一次在小小的黄承艳心中埋下了农村情结。

小学五年级的时候，得了腮腺炎的黄承艳正在同养母一起流离失所，住在别人的地下室。这个时候，村支书来到她家，组织了黄姓家族的人为黄承艳和养母筹集了 500 元的医药费，治好了她的腮腺炎。

那年黄承艳上初二，那时候学校用饭盒子蒸饭，自己从家里带咸菜。有些家庭条件好一些的学生就会剁一些肉末和豆豉、咸菜炒。而黄承艳却一直吃的是直接从坛子里面掏出来没有加工、没有油水的咸菜。有一天，一个姓黄的叔叔走近她们，手里端着一大碗咸菜肉，肉的块头很大。黄叔叔跟黄承艳说："你现在读初中，正是需要营养的时候，要吃肉就自己去我们家炒，或者让姊姊给你炒。"

学校里，语文老师定期关注黄承艳的身心动态，在她的周记本上留言"祸兮福所倚，福兮祸所伏"，这句话至今还是黄承艳的生存哲学。

诸如此类，养父母、村里的长辈、邻居朋友、学校的同学老师等这些"他们"的一星一点的善举瞬间都化成了黄承艳童年、少年、青年直至成人的生活中的一粒粒白砂糖，散发着淡淡却甜甜的力量，构成幸福的画面，不停地鼓励着黄承艳直至现在。

她说："我从小学就有一个笔记本，上面密密麻麻记录着如初中同学给我一个苹果、不愿留名的好心人给我 500 块爱心款……这些点点滴滴点亮了我的坎坷青春，让我对家乡以及家乡的那些人产生十分浓厚的感情，奠定了我的爱乡基础，也塑造了回乡的动机。"

黄承艳在村中组织"耕读计划"

陪伴，
是作为社工的价值所在

但是执着回乡，回乡四年，坚持至今又是因为什么呢？

她说："是社工，社工让我发现了农村社区社会工作的价值，而这种价值感深深地治愈了我！"

2018 年，刚大学毕业的黄承艳踏入酉阳驻村，目睹了暑期留守儿童的溺水隐患。为守护这些孩子的安全，同村支书一起精心策划了安全教育课，并招募大学生志愿者，为村中 40 余名孩子带来为期一周的安全教育课程。从安全知识到艺术启蒙，从户外探索到梦想启迪，那一年村中孩子的暑假过得尤为丰富。黄承艳说："记得孩子们同志愿者离别时，雨雾蒙蒙，泪水与不舍交织，但爱与希望的种子却在这里种下，志愿者虽离开了，但是社工们却可以一直在这里陪伴这些孩子。"

黄承艳组织关爱留守老人活动

此后，黄承艳作为社工，持续驻扎在这里，寒暑假期间，志愿者如潮水般涌来，为孩子们带去知识与温暖。时光流转，到如今，村里的儿童安全事故记录为零，同时，也见证了这些志愿者、社工共同努力的成果。

自 2019 年起，"盗月社食遇记"团队三次造访，用美食连接人心，用行动支持教育，给当地捐赠图书、学习用品。在他们的镜头下，孩子们的笑容与成长，触动了千万网友的心弦，而每次他们在视频的背后都特别鸣谢社工黄承艳。"是的，他们在全国寻觅美食，没法在这里驻扎，而我可以。"黄承艳说。

大学时期，黄承艳曾在寒暑假作为志愿者去山区给孩子们支教，由于各种因素限制，所提供的服务都是一次性的。每次支教地方都不一样，有人曾提出短期支教会给孩子造成二次伤害，她认为这是一个值得关注和反思的议题。大学一毕业，黄承艳就作为社工在山区驻扎三年，给孩子们带来帮助。她说："在当下我不敢妄下定论，但是我知道，我可以作为枢纽，通过我的陪伴以及对信息的充分把握，一拨又一拨的志愿者会来到这里提供精准服务和课程，这些是孩子们喜欢和需要的！"

黄承艳与留守老人

扎根和感召

2021年，"乐和社工"成立，在重庆益友公益的助力下与上海华侨基金会携手启动桑梓助农项目，聚焦乡村振兴与产业发展，选定了巫山县骡坪镇仙峰村——一个鲜少接触社工服务的脆李种植村。面对自然灾害导致的丰收困境，村支书恳请项目入驻，黄承艳社工团队决定深入挑战。作为村支书助理及项目执行者，黄承艳整合多重身份，以党建活动为契机，深入农户收集脆李管护需求，并定期组织培训。初期，仅12人便完成全程剪枝培训，他们还成立了剪枝服务队，不仅个人增收，还带动了全村脆李的科学管护，果品质量显著提升。这期间，为解决销售难题，黄承艳还亲自探访果农，记录他们的故事与劳作过程，借助网络平台与爱心网友的力量，成功将脆李售价提升至五元一斤，为村集体增收五万余元。

2022年，黄承艳参与执行"情暖独居，为爱敲门"关怀留守高龄老人的项目。她以个人身份与老人共餐、谈心，建立深厚情感，其间，遇到一对八旬老夫妻，奶奶请她帮忙销售田间拾得的板栗，黄承艳二话不说，通过朋友圈发起助农倡议，并且很快得到了响应，1200斤板栗迅速售罄。奶奶用售栗所得为爷爷买鞋，深情厚谊触动人心。黄承艳将此情景剪辑成视频并附筹款链接发到网上，引发热烈反响，网友纷纷点赞捐款。

她说："这些经历让我深刻体会到'扎根'的重要性，1200斤的板栗涉及25户农户，其中23户是60岁以上的老人，卖板栗本身不在这个项目的执行指标里面，但这是扎根走访中遇到的老人的真实需求。唯有深入基层，才能精准把握需求，提供专业服务，实现公益的最大价值！"

她一直是飞翔在
土家山寨上空的"燕子"

如今，黄承艳就像村民口中的燕子，她做着一线的社工工作，用心服务着那群朴实的老百姓。

2015年，西南大学授予黄承艳"自立自强先进个人"称号；2016年，西南大学再次授予黄承艳荣誉，这次是"青年志愿者先进个人"，同时巫山共青团也授予了她"优秀志愿者"称号；2017年，黄承艳再获西南大学"优秀团干部"荣誉；2019年，黄承艳被西南大学评为"2018届基层就业先进典型"，同年还荣获全国第二届"闪亮的日子——青春该有的模样"基层就业大学生典型称号；2020年，黄承艳被评为字节跳动公益平台"头条好心人"，同时她的短视频作品《这就是社工》也获得了中国社会工作联合会的优秀奖。进入2023年，黄承艳的事迹继续感动人心，她被评为中共巫山县委宣传部2022年度"感动巫山人物"，在"渝创渝新"大学生创业启航计划中荣获三等奖，并被授予2023年度"助人为乐巫山好人"称号等等。这些荣誉见证了她在社会公益、基层就业和创新创业等方面的卓越贡献。

都说人民群众的眼睛是雪亮的，黄承艳的用心大家当然看得到，也感受得到。

退休教师徐永兴说："燕子开始和我接触的时候，说她是社工组织的一员，专门为老年人、小孩子服务，开始我不信，还要看她的证件。经过几次接触，感觉她是真心在为老年人、小孩子做事。我也才积极主动帮助她联系老年人，一起参加各种活动，老年人在一起跳舞、下棋、谈心，村里志愿者们还为老年人煮饭、包饺子，其乐融融。燕子自己还垫钱，给老年人送棉衣棉被、烤火设备等。"

刘世益老人已经 90 多岁，也是一位老党员，行动不便，听力也不太好。黄承艳就组织志愿者上门服务。老人的子孙到田里劳动去了，志愿者们就把他搀扶出来，一起聊天，嘘寒问暖。"燕子带我们一起为村里老年人服务，村里老年人都很喜欢她，我们也愿意协助她，心里还有点自豪，也准备发动村里更多的年轻人加入我们，让更多的老年人、留守儿童感受到温暖。"大坪村志愿者李辉平说。

——以上两段内容参见公众号"巫山县融媒体中心"发布的《黄承艳：一只飞翔在土家山寨上空的"燕子"》

如此种种，是她的荣耀，也是她的经历，更是她的价值所在，她服务过的地区都在日渐向上向好，就犹如当年那个被养父母抱回家中的小黄承艳一样，只是这一次，换她成为一粒粒甜甜的白砂糖去治愈曾经治愈过她的那群人。

黄承艳与留守老人

艳娃子说：
这个世界会好的

这个世界会好吗？一百年前，梁济对其子梁漱溟提出了这一深刻的问题，梁漱溟以坚定的信念回答："我相信世界是一天一天往好里去的。"百年流转，时光如梭，当"这个世界会好吗"再次成为触动人心的时代之问时，无数个"黄承艳"齐回答："这个世界正在变好！"

曾几何时，农村仿佛被遗忘在角落，人口外流、资源匮乏、人才凋零，留下的是那一双双期盼的眼睛和无尽的孤独。然而，今天的农村，正悄然发生着翻天覆地的变化。乡村振兴战略如春风拂面，吹遍了广袤的田野，带来了生机与希望。在这样的背景下，一个个黄承艳式的身影涌现出来，或是投身基层，或是致力于农业创新发展，或是积极参与公益事业，用实际行动让这个世界变得更美、更好。

在 2022 年第 25 届环球夫人大赛巫山分赛区总决赛期间，环球夫人们积极参与公益行动，穿越曲折的盘山路，探访骡坪镇仙峰村的留守老人，为他们送去温暖与关爱。正是在这次公益活动中，黄承艳结识了这群"华而有实，美爱无限"的环球夫人。随后，她们携手合作，共同组织了包销活动，帮助巫山当地村民解决栗子和猕猴桃的滞销问题，仅仅在一天之内，300 斤栗子和 100 多斤猕猴桃就被全部销售一空。

环球夫人们通过公益互助，相互感染，传递爱心。她们与巫山公益机构和公益社群保持着密切联系，并达成长期合作共识，如进行助农包销、为儿童提供学习生活物质上的常年支持等。这些行动不仅帮助了当地的农民和老人，更传递了正能量，激发了社会的爱心和责任感。

　　正是这样一例例小事、一件件爱心善举成为这个世界会变好的生动注脚。黄承艳和环球夫人们，虽然来自不同的领域和背景，但她们都用自己的行动诠释着爱与责任，让人们坚信：只要人人都能心怀善意、贡献力量，这个世界一定会变得更加美好。

黄承艳（第二排右九）与环球夫人们在巫山做公益活动时合影

刘亚丽

岁月缓行　雅韵长存

　　十年以前，她以环球夫人华南赛区三甲的身份进入中国区总决赛，最终荣获亚军。

　　十年以后，她化身贵州少数民族手工刺绣文化传播者，织造锦"琇"山河。

　　她热爱艺术、热爱生活，在人生的舞台上演绎过无数角色，收获过无数掌声。

　　她挑战命运、挑战自我，带着岁月掩不住的风情继续拾级而上。

　　她是环球夫人刘亚丽，她告诉我们："只有保持行动力，才能在漫漫人生路上从容不迫，因为你已做好了准备，不管风雨来或不来。"

岁月虽迟，其美不减

2014 年的一个黄昏，朋友圈里的一则消息在刘亚丽心中激起了涟漪。那是环球夫人华南赛区的招募启事，而照片中的璀璨舞台让刘亚丽蓦地回想起 1986 年在上海卢湾体育馆的演出，那一场如烟花般绚烂的青春之梦。

那是她的最后一场演出，在此后将近 30 年的光阴里，她不但没有参加过任何艺术活动，甚至连影视剧也鲜少观看。她忙着攀登一座座事业的高山，穿越一片片未知的森林，不小心把艺术之梦遗忘在了内心角落里。因而当环球夫人的舞台出现在生命里时，她毫不犹豫地接受了这份特别的召唤。

2014 年，她 50 岁，比同台竞技的夫人们年长不少。尽管如此，她还是自信地想："没关系，我是科班出身，在舞台上有一定优势。"可事与愿违，阔别近 30 年后，舞台已然成了陌生的风景。第一次彩排时，她的大脑一片空白，面对宽阔的舞台，她一下子找不到方向了，该往哪儿走？"曾经沧海难为水，"她感慨地说，"我只能通过努力训练、积极适应来重新建立与舞台的联系。"

值得庆幸的是，舞台再次接纳了她，就像天空敞开怀抱迎接回归的漂泊者。总决赛那天，她站在舞台中央，轻启朱唇，轻轻吟唱。歌声在空气中荡漾，唤醒了那些沉睡的记忆，她仿佛听见了岁月的低吟，一抬头，望见了往昔的自己：

一个夏日午后，阳光透过树叶的缝隙洒在大地上，光影斑驳。三个孩子在老旧的屋檐下歌唱，余音绕梁。那个眼含星辰的小女孩挥舞着小手，尽情享受着这甜美的时光。

一个冬日清晨，天色微亮，寒意刺骨，姐弟三人各自抱着一个竹"火笼"走在上学路上，"火笼"里燃烧的炭火是父亲沉默的爱，尽管微弱却给了他们不畏严寒的勇气。

1978年，豆蔻少女迎来了人生中第一个光环，荣获遵义地区少年武术冠军，并被贵州省体校录取。随后，省艺校也向她抛去了橄榄枝，破格录取了她。在人生的岔路口，她选择了艺术，离开了家。

1983年，贵州省花灯剧团的闪耀新星吸引了广州白云轻歌剧团的目光。新的机会从天而降，是留在熟悉的大地，还是飞向未知的天空？青春女孩决定追随内心的想法，出去闯一闯。

1985年，女孩推出了首张音乐专辑《那是我的快乐》，晨曦初升，这也是贵州东方音像公司制作发行的第一张个人独唱专辑，意义非凡。

1986年，在湖南长沙举办的全国歌剧调演中，女孩获得了最高荣誉"优秀演员奖"，并受到了中宣部领导的亲切接见。那一年，她还参与了几部影视剧的演出；也是在那一年，她的艺术人生如一曲未完的乐章，戛然而止。

……

音乐渐渐停息，掌声化作潮水。她关上了记忆的大门，眼含泪光，恭敬致谢，微笑着走下舞台。那一曲未完的乐章，终于完成了。

"虽然是10年前的事，但记忆犹新。"刘亚丽温婉地说，"环球夫人大赛是一个卓越的舞台，它给了夫人们重新认识自己的机会。而对我个人来说，它让我感受到了时光的温度，也让我的人生变得更完整了。"话及此处，她思考了片刻，"我还想说的是，人生中的每一个经历都值得我们铭记，因为这些经历给了我们经验、智慧，以及立足当下和面对未来的勇气，让我们越来越完善，越来越强大，所以我们应该感恩过去。"

实际上，在 2014 年以前，刘亚丽还做了一个意义非凡的决定——在朋友的帮助下着手撰写小说。不知不觉，从提笔到搁笔，光阴已静静流淌了 10 个春秋。

在这 10 年里，她写下了 45 万字，如今又将千言万语凝结为一个名字——《风情，是岁月掩不住的美》。她说这个书名得自梦中，宛如灵魂开出的花朵，令她无法割舍；她还说风情是成熟与丰盈，是智慧与感恩，更是时光在人生中留下的五彩斑斓与无穷回味。

越尽千山，不负流年

岁月轻翻，记忆微凉。在五彩斑斓的时光里，1986 年是那么静默，那么耐人寻味。那一年，刘亚丽意气风发地走在艺术之路上，任由时代的风吹过青春的发梢，享受着掌声与赞美，却在途中与一位青年才俊不期而遇。两人情投意合，很快步入了婚姻的殿堂，接着，她告别舞台，回归家庭，跟着丈夫出了国。

20 世纪 90 年代刘亚丽随同丈夫回国发展，与此同时，她的事业心也渐渐苏醒。1993 年，她将法国 WELL 品牌首次引入中国，并在北京的国贸大厦与西单赛特商场开了两家高端品牌服装店，收获了第一桶金。而后，她敏锐地洞察到北京高端服装市场的竞争势必会愈演愈烈，于是果断决定回贵阳发展。尽管这个想法一时没能得到丈夫与家人的支持，但她还是执拗地在 1997 年回到了贵阳，先后投身于广告、生物、酒店以及养殖等产业，并且都做出了一番成绩。

"有朋友说我做事太任性，每个项目都点到为止，'喜新厌旧'，但实际上，我从来没有半途而废，只是在条件成熟后交给专人打理，然后开启新的挑战。另外，我也有自己的长远规划，例如生猪养殖的项目，当时一次性支付了 20 年的租金，做好了长期发展的准备。"

"生猪养殖"是刘亚丽当时尤为看重的一个项目，然而生活却像顽皮的孩子似的跟她开了一个玩笑：2018 年，政府下文创建贵安新区，而她的养殖场在高端装备园区的规划用地范围内，不得不面对被拆迁的命运。

养殖场被拆迁后，54 岁的刘亚丽很快又找到了新的目标。"我想做点有意义

的事，脑海里就闪过了'艺术'这两个字！"一提到艺术，她的眸子里透出了孩童般的纯真，"我是侗族，生长在贵州的青山绿水之间，所以自然而然地，我又想到了家乡的手工绣品。"

多年的从商经历与海外生活让她意识到民族文化产品所蕴藏的无限商机。于是，她毫不犹豫地踏上了考察之路，先后去了黔东南、黔南、黔西南、六盘水的16个乡镇，耗时良久。在一座座偏远的小村庄里，她见到了那些手艺精湛、热爱生活的绣娘们；尽管日子清贫，她们却如繁花般充满了生机与活力。她被这份美好深深打动，心中涌起一个坚定的念头——创立一个苗绣品牌，一个将贵州传统民族技艺与现代时尚设计结合起来的高端女装品牌。

创立苗绣品牌绝非易事，一方面，近年来与非遗文化相关的行业暗流涌动，也曾有许多人尝试发展苗绣，但几乎都败下阵来；另一方面，这是个欲速则不达的项目，不但需要时间、精力、财力，更需要满腔的热忱与坚韧。

回到贵阳之后，刘亚丽一鼓作气注册了商标："琇"。她解释说，"琇，美石如玉也"，是年年岁岁，温润愈显，也是岁岁年年，光华自现，既贴合贵州少数民族手工刺绣艺术的气质，又符合自己的追求。

不久之后，北京秀水街上便出现了一家独具匠心的品牌店。在这家店里，处处透着刘亚丽的良苦用心，不仅可以看到精美的手工刺绣品，还能看到原生态的苗族服饰……短短几个月，它赢得了无数国内外游客的欣赏与赞美，也令同行刮目相看。

经营很快走上了正轨，与以往一样，刘亚丽在安顿好事务后便将店铺交给了绣娘们。然而，让她万万没有想到的是，店铺没过多久就因为绣娘们春节归家不返而关了门。"是有一点可惜，它在市场里独树一帜，既展现了地方特色，又传播了中国文化，很多人都很喜欢。不过，我们当时还没有开始大规模研发，只是尝试性地生产了几款特色服饰，所以这个意外对我影响不大。但说实话，谁也没想到，这一关门就是好几年。"

正当刘亚丽准备重整旗鼓之时，疫情突如其来，将她困在了异国他乡。2021年9月，她深爱的母亲驾鹤西去，而她没能及时赶回家。"早些年，我失去了父亲；那年，我又失去了母亲。"她充满遗憾地说，很多时候人是无法改变一些事的。

11月，秋风瑟瑟，刘亚丽和女儿抵达上海，经历了20多天的隔离，方才踏上了归乡的旅程。在家乡的土地上，她为母亲举行了庄重的葬礼，并决定留在贵阳，让"琇"重现光芒。

承前启后，"琇"美人间

　　从那个冬月开始，刘亚丽带着女儿全身心地投入"琇"的重启计划中，她主要负责研发，女儿主要负责运营。在那段日子里，她常常在女儿身上看到自己年轻时的模样，甚至祖辈父辈的影子。忽而一天，她意识到，原来这就是人们所说的"家风"，一种基于血脉和基因的传承。

　　熟悉刘亚丽的人都说她独立、坚忍、倔强，而每每听到这些说法时，她都会想起一个人，那就是父亲。"我这颗强大、坚定、热忱的心是我父亲给的，没有他的培养就没有我今天的成绩。我特别感谢他，深深怀念他。"

　　在她的记忆里，父亲才华横溢，唱歌、拉二胡、吹笛子、打快板都信手拈来，同时又刚毅、自律、坚忍。他是兄弟姐妹中唯一上过私塾的人，却在17岁那年替兄长做了"壮丁"，他没有选择，因为家里人离不了兄长这个顶梁柱，同时认为他识得几个字，在部队里或许不会被人欺负。后来，他在部队里当上了文化教官；再后来，他加入中国人民解放军，以文艺兵的身份亲历了贵州解放与抗美援朝。然而，风云变幻，在那个特殊年代，他被下放到农村。

　　所以，刘亚丽的记忆是从一个贫困小县城开始的，那时的生活既快乐又辛苦。因为家庭条件不好，父母让两岁的她跟着姨妈生活。姨妈家是一个充满歌声的地方，对她影响至深，也令她如鱼得水。上小学一年级时，她回到父母身边，一度难以适应父亲的严格要求。"为了培养我们的意志力，他每天早上五点就会把我们叫起来，绕着县城跑一圈，然后再回家做早饭。"她回忆说。

随着年龄的增长，刘亚丽也渐渐理解了父亲的良苦用心："他吃过很多苦，小时候上学放学要走十几里山路，冬天也只能光脚穿草鞋。后来参军在松花江畔，零下二十多摄氏度，他硬扛了过来，看到了胜利。他深知意志力有多重要，所以才会对我们那么严苛。"

正因如此，在"琇"的研发之路上，深受父亲影响的刘亚丽表现出了强大的意志力。"困难真的有很多，比如说，贵州的绣娘们是不用绷子的，她们习惯将布料拿在手里工作，而为了方便操作，她们用的布料通常都是浆洗过的质地硬朗的土布，而我们的面料柔软细腻，她们把握起来很难，需要慢慢适应和摸索。"

为了克服困难，保证质量，她常常出现在乡间，与绣娘们悉心交谈。不仅如此，她还会经常与设计师、打版师、制衣师等沟通交流。面对大家的建议和劝说，她依然坚持使用手工蜡染技术与纯植物染料，因为那样不仅环保，而且色彩更灵动，

苗族破线绣刺绣香云纱礼服　　　　苗族破线绣风衣

刘亚丽创办苗绣品牌民族手工刺绣设计图

更具生命力，更能展现靛蓝、青绿、朱红等中国色的至柔至美；她坚持不使用机绣，尽管能节约时间与成本，但她认为只有手绣才能展现传统文化的魅力，才能真正帮助能工巧匠们创造稳定的生活，从而让年青一代愿意去了解、学习和发扬。

近两年，刘亚丽带着"琇"参加了消博会、广交会，以及在法国举办的国际博览会等许多活动。在国际博览会上，苗族的刺绣、水族马尾绣、蜡染技艺，以及布依族的枫香染等传统手工艺受到了众多国际买家的青睐，而"琇"的面料和设计也备受业界肯定。如今，"琇"不仅开发了礼服、羊绒大衣，还尝试了年轻人喜爱的牛仔系列，以及职业装、婚服等。如她所愿，"琇"让那蕴藏在一针一线中的千年遗珠重新焕发了光彩，被人们重新认识、了解和喜爱。

毫无疑问，刘亚丽又完成了一次从无到有的挑战，而这俨然已是她人生的一种常态，或者说——挑战就是她诠释人生的方式。

正如她所说，无论生活的起点在哪里，只要勇于挑战，大胆尝试，就一定能找到人生的方向；无论当下是成功还是失败，只要不放弃，就能实现自己的梦想。

是的，她不是在追逐成功，而是在实现自我。

刘亚丽和女儿

韩玉华

砥砺前行　不负韶华

　　她怀揣着理想抱负，摸索着叩开了人生中另一世界的大门！她的天生丽质及善良，使她收获了美好的爱情！缔结良缘，幸福美满！她步履坚定、大胆探索、埋头苦干，阅尽沿途的每一处绚丽风景；她深信，作为女性，唯有自重自爱，方能真正领略到自身价值之所在！无论是青春年少之际，还是岁月沉淀之时，只有砥砺前行，才能不负韶华！

　　她就是韩玉华，她以坚韧不拔的精神、矢志不渝的意志、优雅从容的气质，绽放着如春日暖阳般明媚的光芒，无畏风霜，熠熠生辉。

琢磨经年终成玉，
璀璨生辉方为华

列车穿梭在城市与乡村之间，窗外的风景如同变换的画卷，从熟悉的田野到陌生的高楼大厦。一位青涩的姑娘紧握着手中的车票，如同紧握着一生的命运。她看向窗外，眼里交织着期待与忐忑，她不知道在那繁华与喧嚣的大都市里，自己将面对怎样的挑战和机遇，但笃定，那里会是自己梦想开始的地方。

如今，许多年过去，韩玉华依然清晰地记得 1987 年的那个清晨，她挥手告别了父母，离开了家乡保定，踏上了通往北京的列车。尽管保定与北京仅有不足两百公里的距离，但她知道，这一走便意味着某种程度和意义上的"失去"。此后的日子，她常常在心中重返家乡，在那山峦与河流间找寻跃动的身影，回望满腔热血的祖辈、勤劳善良的父母，还有一路勇往直前的自己。

韩玉华出生在一个兄弟姊妹众多的大家庭，父亲韩栖林担任生产队队长，母亲是位话不多却心怀慈悲的女子。听父母说，家中祖辈曾以小本经营为生，日子一度过得风生水起，只是后来赶上了风云变幻的时代。那时的她对纷繁世事知之甚少，但耳濡目染，也渐渐学会了替父母分忧。

"当然，对我影响最大的人是我姥爷张久。"在她的记忆里，姥爷是一位睿智的长者，是家中的精神支柱，"他从来没有对外宣扬过自己的特殊经历，只是偶尔会在炉火旁给我们几个晚辈讲革命故事。我也是懂事之后才明白，原来他就是故事里那个为地下工作者传递情报的年轻人。"

在姥爷的故事里，一位牧羊的年轻人和他的弟弟把消息藏在羊尾巴中，不露声色地赶着路；他们稚嫩的脸上虽带着一丝紧张，目光却炯炯有神；他们将那些改变国家命运的消息，筹集的钱粮、衣服等物资送到了地下工作者手中，一次又一次，不畏生死……小玉华认真地听着，心怀激荡，同时又隐约地感知到了什么，是源于心底深深的信仰，她从小便坚定地认为自己应该像前辈一样，大胆追逐心中的那束光。

就这样，伴随着耳畔回荡的故事，韩玉华悠悠地成长着，而童年的种子则在岁月的光影里悄悄生根发芽，静待花开。

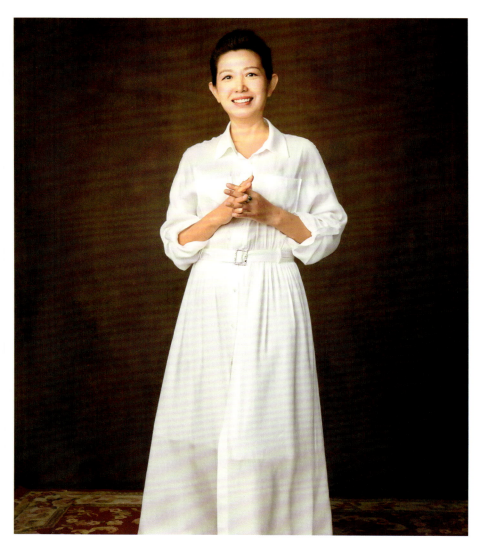

自信自励为自己撑伞，
抵御世间狂澜

2024 年 1 月 13 日，标志着辉煌与光荣的公司二十周年庆典在北京召开，韩玉华静静地坐在宴会桌旁，凝望往昔画面跃然荧幕，万千滋味涌上心头。二十年砥砺前行，这二十年，她做过白手起家的梦想者，走过比白手起家更不易的逆转之路；那年，韩玉华带着对未来的憧憬走进繁华的北京街头，站在无数和她一样怀揣梦想的年轻人中间，对周遭的一切充满了好奇。此后几年，她遍尝生活的苦、工作的累，"那时候是真的什么都不怕，脑子里就两个字'坚持'！"她回忆说："坚持，不是一朝一夕，而是日复一日，年复一年。是无论前面的路有多么难走，都要硬着头皮走下去！"

对于韩玉华而言，人生路上的每一次尝试都是挑战与机会。历经十六载的打拼，终于，在 2003 年，她得偿所愿——组建了一个充满活力的销售团队，迈出了自主创业第一步。两年之后，她与合伙人正式成立了北京京海人机电泵控制设备有限公司。

那时候的韩玉华满腔热血，从未想过有一天会负债累累，甚至连房租和工资都付不起。事发突然，创业的第十年，合伙人找了个借口撤资了，留下她独自在债务与积存的旋涡中求生。口袋里没有钱，贷款还不起，拉不到投资，公司眼看就要做不下去了。就在这个时候，几位忠实的员工找到了她说有什么事儿大家一起扛！"这一扛就是十几年！直到现在，他们还伴我左右，我特别感谢特别感恩。"在伙伴们的鼎力支持下韩玉华决定放手一搏。面对如山的债务，她向亲朋好友筹借。

起初大家都慷慨地伸出援手，然而生意迟迟不见起色，借款常常无法如期归还，久而久之，人心也就疏离了。"我很理解很愧疚，但我无路可走，我身后还有那么多伙伴，那么多员工，我不能放弃！"历经千难万险，终于，她磕磕绊绊地让"负数"归了零。

然而，韩玉华丝毫不敢懈怠，因为她很清楚，还清旧债，维护尚存的关系只是权宜之计，唯有改变才能抵挡住时代的洪流。在接下来的日子里，她以敏锐的商业嗅觉及时调整航向，联络高端客户，吸纳八方英才；她携手高校与研究院研发高科技产品，锻造出了业界的先进水平，独步全国；她与央企合作，与事业单位共筑人才高塔，在竞争的赛场上独领风骚。

功夫不负有心人，韩玉华的付出在公司二十周年庆典上得到了闪耀的呈现：2006年获北京市宣武区科学技术奖；2018年成为高新技术企业，并获中国供热诚信品牌；2020年荣膺全国企业管理现代化创新成果奖；2022年获得AAA级资信企业；至2023年，节能超2亿度，减碳约19万吨；等等。

在傲人的成绩面前，那些曾经的不安与犹疑恍如隔世，韩玉华淡然一笑，将这一切归功于好时代、好政策，从煤改电工程到集中供热政策，从棚户区改造到迎奥运蓝天工程，从淘汰高耗能电机到改造老旧小区，再到新能源产品补贴……这些成绩的背后蕴藏着幸运、情谊、追求、磨砺，有眼泪、有辛劳，是创新的追寻，更是坚定不移的决心和意志。

韩玉华在2024年北京市企业管理创新与社会责任交流会上获得荣誉证书

每一颗跳动的心都拥有撼动
世界的力量

2020 年，疫情的阴霾在一座座城市中蔓延，给生活带来了沉重的挑战。还记得正月初二的北京，气温已降到零下，天空灰蒙蒙一片，偶尔一阵寒风刮过，提醒着人们世界的严酷。墙上的时钟刻板地行走着，不在乎有没有人看见。此时，一阵手机铃声打破了空气的安静。"一个六千人的小区，供热系统突然发生了故障，如果不想办法抢修好，整个小区就都没暖气用了。"电话那头说。

韩玉华万分焦急，赶紧召集人力物力赶赴现场，可到了现场她才发现，情况比自己想象的要复杂得多。首先是小区不让进，她协调了很久才得以进入。其次是供暖设备不是公司产品，带去的配件都用不上，她当机立断组织员工分头查找。很幸运，他们公司系统显示有相应的配件。

然而，让韩玉华万万没想到的是，当员工们赶到仓库时，新的问题又出现了——没有取货手续就进不了村，也无法联系上相关工作人员。正当所有人不知如何是好时，她在电话那头镇定且冷静地为员工们梳理现场情况，寻找解决办法。最终，在村民的帮助下，进了村，拿到了配件。

"说实话，我特别感谢员工和村民，尤其是我的那些员工，都是小伙子，这又是事关生命安全的大事，谁心里不害怕呢？但他们把害怕抛到脑后，一路奔波，毫无怨言，一赶回小区就扎进了热力站，里面四五十摄氏度的高温，一待就是三个多小时，出来时从头到脚都湿透了。"回想起当时的情景，她忍不住红了眼。

最终，小区的供暖危机顺利解除，"很累、很惊险，但听到热力站工作人员的感谢，我们觉得一切都是值得的！我想，那就是所谓的使命感吧！"说到这里，韩玉华不自觉地松了一口气，仿佛那惊心动魄的经历就出现在昨天。这次抢修仅是春节期间京海人机人忘我工作的一个缩影。在这个特殊的春节期间公司共出动"供暖保障部队"10多次，解决了800万平方米的供暖面积突发问题，在第一时间完成了抢修任务，保一方供暖，暖一方人心。

　　疫情防控期间，韩玉华不忘初心，带领公司全体员工积极行动，回报社会。在防护物资最紧张的时期，她组织向多地社区、交通枢纽、政府机构以及多家企业、单位捐赠了防疫物资。在疫情出现反复态势时期，迅速组织人员参与社区防疫志愿者服务工作，为检测点、在一线的抗疫人员送去温暖，捐赠一次性医用口罩等防护物资及生活用品。为感谢京海人机对社区疫情防控工作的大力贡献，他们还赠送了锦旗。

韩玉华公司爱心捐赠活动

2020 年 5 月，京海人机与河北省涞源县北石佛乡牌坊村村委会签订结对帮扶协议，并捐赠 12000 元现金。2021 年，面对多地强降雨天气，公司迅速响应北京市丰台区工商联合会的号召，向河南、内蒙古及北京站、朝阳高铁站等地捐赠了排涝物资。同年 10 月 28 日，京海人机又积极响应习近平总书记"民族要复兴、乡村必振兴"的号召，向内蒙古扎赉特旗捐赠了 30 台排污泵。2023 年，京海人机公司总经理、丰台区政协委员张磊与丰台民建领导一同向养老院、北京延庆菜木沟村、门头沟房良村捐赠了排涝设备。

　　光阴流转，时光荏苒，韩玉华身上渐渐沉淀出了温润的底色，在公益旗帜的光芒映衬下闪闪发光，轻声诉说着一个质朴又伟大的道理：每个人都有可能成为改变世界的一股力量，只要我们愿意，只要我们行动。

韩玉华参加环球夫人大赛现场照

爱是一种能力，
也是深植于灵魂的定力

在时光的淬炼下，韩玉华穿过无数悲喜繁华。今天的她，好似清晨露珠上那抹细微的光辉，多了几分柔和与通透；又似秋日蓝天下一片醉人的红叶，更添几分成熟与恬淡。一路走来，她始终未曾停下筑梦的脚步，她说这是刻在基因里的小"任性"。

在收到环球夫人组委会寄来的赛场照片时，她的心中又一次激荡起了涟漪。年轻时的梦再次跃上心头——穿着晚礼服与高跟鞋站在璀璨的聚光灯下展示自己。"没想到，机会竟会出现在我六十几岁的时候。"她笑着说，"我不想错过，完成心愿也好，追逐梦想也罢，都是我爱自己的方式。"

当她与家人商量时，得到了他们坚定的支持，尽管那时候距离比赛开始已不足一个月，她甚至连服装都还没有准备，"但是没关系，一切都来得及"，她没有退缩。从那天开始，平素不穿高跟鞋的她，为了梦寐以求的舞台，开始孜孜不倦地练习。短短一周，她便用 10 斤体重换来了曼妙轻盈的步伐。

比赛那天，她翩然自信地走上了华丽的舞台，灯光如繁星般闪烁，将她的身影投射在观众们的视线中。"当我站在聚光灯下、听见台下掌声时，我对自己说，很好，你成功了！"她开心得像个孩子，"在我心里，名次并不重要，站上舞台就是成功！我只想告诉所有人，不同年龄的女性拥有不同的美和力量，无论是 40 岁还是 60 岁。40 岁的女性散发着成熟的光彩，60 岁的女性拥有智慧的光辉。

即便到了 80 岁，美丽的女性依然会闪耀璀璨迷人的光芒。"

　　每一位见过韩玉华的人都不会认为她的话言过其实。她就是积极、乐观、坚韧、热爱生活的典范。时光在她身上似乎失去了效力，纵然到了耳顺之年，她的眼眸依旧闪亮、笑容依然爽朗。她从不介意在人们面前提起年龄，相反，她期望自己的生活态度和精神面貌能激励身边人——不必与时光对抗，秘诀就是从容的心态，积极锻炼，还有幸福的家庭。

　　如韩玉华所说，她拥有一个温馨的家庭。北京不仅给了她奋斗的机会，给了她京海人机这个温暖的大家庭，让她能够实现人生的价值与梦想，为社会尽一份责任，还为她送上了珍贵的人生礼物，让她遇到了另一半，赐予她幸福美满的家庭，并且儿女双全，如今又有了两个孙子。她喜欢称已经退休的先生为"老伴儿"，几十年来，两人相敬如宾，相互支持，关系十分融洽。"他很懂我，而我也懂得如何转换角色。"她坦言，"无论外面的风雨有多大，一回到家里，我就会换上舒适的衣服，下厨、洗衣、收拾房间、教育儿女，这些都是分内之事，是家庭责任，是爱的形式，更是发自内心的情感。"

　　人们常说，爱是一种能力，而这种能力在韩玉华的身上如泉水般清澈流淌，因而她不仅能够厚爱他人，也懂得如何拥抱自我。在她看来，爱自己是一种内在的成长与自我提升，更是对心灵的滋养，对于她来说，实现自我与保持健康是最重要的两个方面。这些年来，她一直在健身，也一直在做自己热爱的事，而无论是健身还是做热爱的事，都让她的生活变得更加丰富多彩，也让她更加了解自己、呵护自己。

　　时光清浅，岁月如歌。韩玉华以生活为琴，她用自己的生命谱写出一曲伟大的交响诗，那韵律中跃动着生命的激情与坚守，字节间回荡着爱与责任的深鸣。

她以独有的韵律，感染着周围的每一颗心。在她的身上，我们看到了女性的爱与力量，也看到了自我成长的无限可能。如她所说，我们应该像细心培育园中繁花那般呵护自己灵魂的庭园，让心灵深处的花朵璀璨盛放，不要在乎早与晚，因为它们同样绚烂。

韩玉华和家人

图书在版编目（CIP）数据

美爱同行 / 北京海贺世家文化传媒有限责任公司编
著 . — 北京 ： 文化艺术出版社，2025. 1. — ISBN 978-
7-5039-7780-0

Ⅰ . B848.4-49

中国国家版本馆 CIP 数据核字第20258N7Y42号

美爱同行

编　　著　北京海贺世家文化传媒有限责任公司

责任编辑　魏　硕

责任校对　董　斌

书籍设计　陈小雨

出版发行　文化艺术出版社

地　　址　北京市东城区东四八条52号（100700）

网　　址　www.caaph.com

电子邮箱　s@caaph.com

电　　话　（010）84057666（总编室）　84057667（办公室）
　　　　　　　　　　84057696—84057699（发行部）

传　　真　（010）84057660（总编室）　84057670（办公室）
　　　　　　　　　　84057690（发行部）

经　　销　新华书店

印　　刷　鑫艺佳利（天津）印刷有限公司

版　　次　2025 年 3 月第 1 版

印　　次　2025 年 3 月第 1 次印刷

开　　本　787毫米×1092毫米　1/16

印　　张　19.5

字　　数　196千字

书　　号　ISBN 978-7-5039-7780-0

定　　价　188.00元